はじめに――タネと品種を知れば、タネ選びがますます楽しくなる！

いまや、国内外の多様なタネをだれでも入手できる時代になりました。種苗メーカーや育種家が精力を注いで開発した最新の品種から、農家が長い時間をかけて選抜し受け継いできた固定種・在来種まで、膨大な選択肢があります。ただ、カタログやタネ袋の説明文は情報が最小限しかなく、聞きなれない用語も多く、自分に合ったタネを選ぶのは意外と難しいものです。

そこで本書では、タネや品種にまつわる今さら聞けない基本的かつ大事なポイントを、ギュッと一冊にまとめました。

第1章は「タネと品種のＱ＆Ａ」。タネ袋やカタログに書かれている「○○㎖入り」って何粒？　「有効期限」を過ぎたらもう播けない？　「○○交配」「○○育成」ってなんのこと？　「晩抽性」や「ＣＲ」ってどういう意味？　といった情報の見方や、タネの生産・流通のしくみなど、タネや品種にまつわる素朴なギモンをＱ＆Ａにまとめました。

第2章は「図解でわかる　野菜のルーツと品種の話」。スーパーや直売所で人気の野菜15種について、そのルーツ（原産地や改良の歴史）とおもな系統、品種の特徴やその生かし方などを、イラストや写真で楽しく紹介しています。

第3章は「農家・育種家の品種の見方」。産地の専業農家がカタログをどう読んで品種を選んでいるか、直売所農家による品種の特性を生かした「ずらし」「周年」出荷術、種苗メーカーの育種家による品種の一歩進んだ解説など、栽培のプロならではの実践的な話をまとめています。

本書が皆さんのワクワクするタネ選びの一助となれば幸いです。

２０２０年２月

農山漁村文化協会編集局

目次

カタログやタネ袋に
書いてあることって
意外と難しいんダネ

たね吉
老舗タネ屋「そらまめ種苗」の息子。跡継ぎを決意し、タネのことをイチから学ぶ

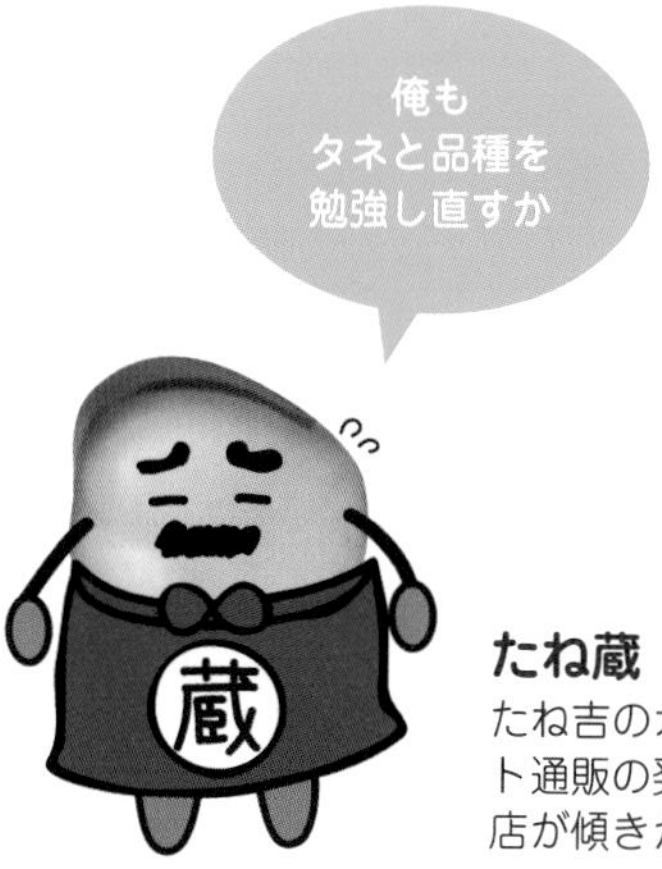

俺も
タネと品種を
勉強し直すか

たね蔵
たね吉のオヤジ。ネット通販の発達もあり、店が傾きかけている

第2章　図解でわかる　野菜のルーツと品種の話

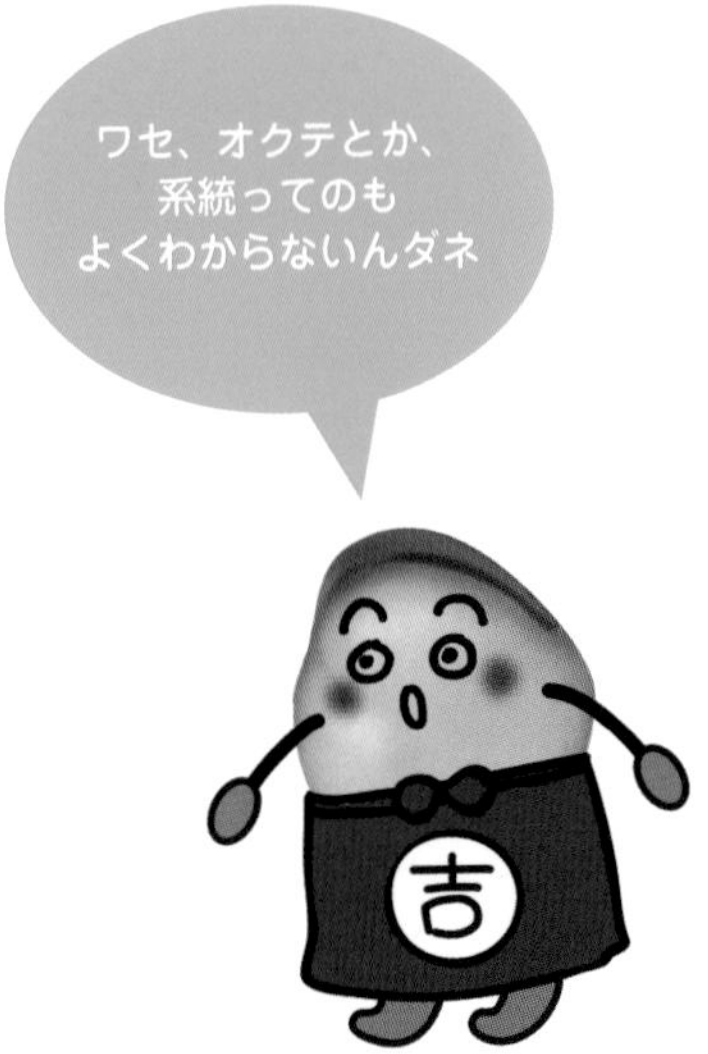

ワセ、オクテとか、
系統ってのも
よくわからないんダネ
吉

第3章 農家・育種家の品種の見方

＊本書に掲載されている品種とメーカー名および販売会社名は基本的に掲載当時のものです。

プロの農家は
どうやって品種を
選んでおるのかのう
蔵

タネってどこで買えるの？

（おもなタネの流通の流れ）

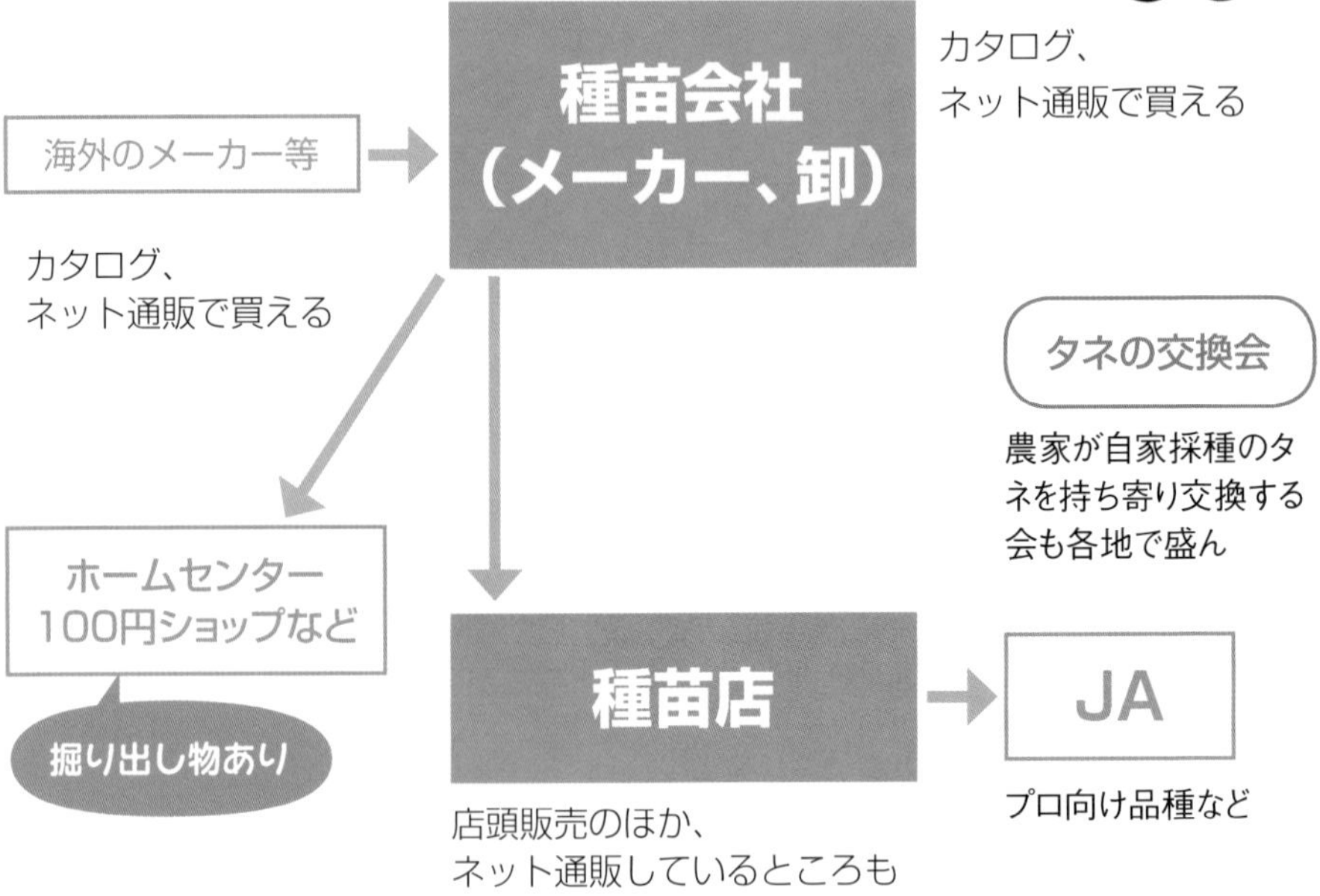
種苗会社（メーカー、卸）
カタログ、ネット通販で買える
海外のメーカー等
カタログ、ネット通販で買える
タネの交換会
農家が自家採種のタネを持ち寄り交換する会も各地で盛ん
ホームセンター 100円ショップなど
掘り出し物あり
種苗店
JA
店頭販売のほか、ネット通販しているところも
プロ向け品種など

それぞれの強みを使い分ければ、
あなたもタネ選び名人に！

地元の種苗店も頼りになるぞ（39ページ）

　タネを買うところといえば、種苗店やホームセンターがおなじみだが、メーカー、卸もカタログ通販やネット販売をしているところがある。

　メーカーのカタログやホームページでは、自社品種の詳しい情報が見られる。卸の中には国内外の膨大な品種のタネを通販していることろも。各地の種苗店では、長年地元で築いたノウハウを生かし、地域に合った品種や播き時を教えてくれるのが頼もしい。なお、種苗店の中には、その地元ならではの固定種・在来種を扱っている店も多い。ホームセンターや100円ショップのタネコーナーにも掘り出し物がある（52ページ）。

　また、インターネットには海外品種やオーガニック種子など、特色あるタネの販売サイトが目白押しだ（68ページ）。

第1章

タネと品種のQ＆A

タネ袋からわかること

タネ屋の店頭に並ぶ小袋から、
どんな情報が得られるだろう？

表面《おもて》を見る

【タネの名前】
品種名の後ろについてる
70って数字、なんだろう？
➡ 40ページ
そもそも、どこまでが品種名？
➡ 28ページ

【作型】
晩抽性ってなんダネ？？？
➡ 41ページ

ＱＲコードがついてる！
何か見られるんダネ
➡ 53ページ

（依田賢吾撮影、以下も）

【F_1と固定種】

○○交配とあれば、その会社で交配したF_1種ってこと。「一代交配」とあれば、他の種苗メーカーが育成したタネってことだ

➡ 60ページ

【タネの量】

タネの分量が載ってる。1.4㎖っていったら、えーっと245粒くらいか。電卓があれば、タネ屋は計算できちゃうんだぞ

➡ 12ページ

【抵抗性と耐病性】

品種名の前についているYRとかCRってのはちゃんと意味がある。ただ、数が多くて覚えきれないな……

➡ 32ページ

裏面を見る

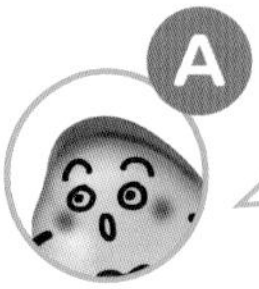

【作型】
播種時期、収穫時期もちゃんと書いてあるんダネ。
あれっ？　うちの地域も一般地でいいの？
➡ 38ページ

【流通】
なんか、細かい字で書いてあるんダネ。
えーと、「補償はお買い上げ代金の範囲内」……？
➡ 59ページ

どんな袋にも書いてあること

タネ袋に書かなければならない項目は、法律（種苗法）で決められている（缶入りも同様）

❶ **野菜の種類と品種**
表面の名前が品種名とは限らない　➡ 28ページ

❷ **数量**　➡ 12ページ

❸ **有効期限と発芽率**
採種年月日は表示されなくなった　➡ 14ページ

❹ **生産地**
海外での採種が圧倒的に多い　➡ 56ページ

❺ **種子消毒をした場合は、その薬剤名**　➡ 26 ページ

❻ **表示をした種苗業者の氏名（名称）と住所**

決まりごとが
あるんダネ
吉

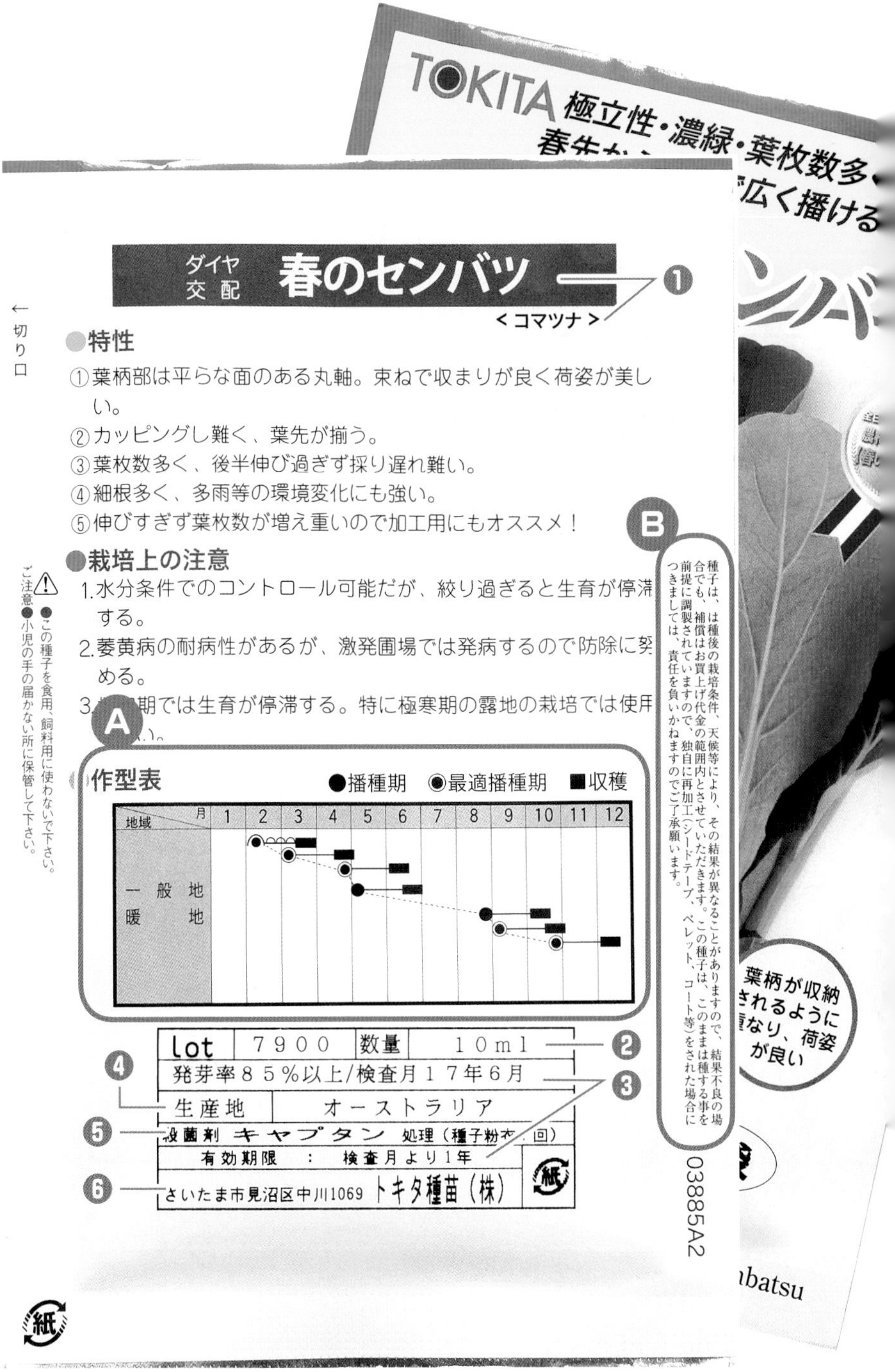
TOKITA 極立性・濃緑・葉枚数多・
春先か
広く播ける
ダイヤ交配 春のセンバツ
①
<コマツナ>
←切り口
●特性
①葉柄部は平らな面のある丸軸。束ねで収まりが良く荷姿が美しい。
②カッピングし難く、葉先が揃う。
③葉枚数多く、後半伸び過ぎず採り遅れ難い。
④細根多く、多雨等の環境変化にも強い。
⑤伸びすぎず葉枚数が増え重いので加工用にもオススメ！
●栽培上の注意
1.水分条件でのコントロール可能だが、絞り過ぎると生育が停滞する。
2.萎黄病の耐病性があるが、激発圃場では発病するので防除に努める。
3.
期では生育が停滞する。特に極寒期の露地の栽培では使
A
B
ご注意 ●この種子を食用、飼料用に使わないで下さい。●小児の手の届かない所に保管して下さい。
作型表
●播種期 ◉最適播種期 ■収穫
地域 月 1 2 3 4 5 6 7 8 9 10 11 12
一般地 暖地
種子は、は種後の栽培条件、天候等により、その結果が異なることがありますので、結果不良の場合でも、補償はお買上げ代金の範囲内とさせていただきます。この種子は、このままは種する事を前提に調製されていますので、独自に再加工(シードテープ、ペレット、コート等)をされた場合につきましては、責任を負いかねますのでご了承願います。
lot 7900 数量 10ml
②
発芽率85%以上/検査月17年6月
③
④
生産地 オーストラリア
⑤
消毒剤 キャプタン 処理（種子粉衣 回）
有効期限 ： 検査月より1年
⑥
さいたま市見沼区中川1069 トキタ種苗（株）
紙
03885A2
葉柄が収納されるように重なり、荷姿が良い
nbatsu
紙

タネの量の話

20mℓって
何粒入って
んだ？
ガサッ
ガサッ
おいしい
早生そらまめ

Q タネ袋に「○○mℓ入り」って書いてあるけど、これじゃあ粒数がわかりません。例えばソラマメ20mℓって何粒ですか？

A タネ屋には早見表があります。

北相種苗・大用《おおよう》和男

確かにわかりにくいよね。でもね、じつはメーカーが出してる早見表がある。町のタネ屋さんはたいてい持ってるから見せてもらうといいよ（左上の表）。ソラマメは20mℓで5～11粒だね。

そもそもなんでタネはリットル表記（mℓやdℓ、ℓ）なのかというと、昔は升で量って売っていたから、その名残り。でも、キヌサヤでも小莢と中莢と大莢とでは、タネの大きさが違うから、同じ容量でも本当は粒数が全然違う。やっぱり、粒数がはっきり書いてあったほうがわかりやすいよね。だから、最近は内容量の欄に「○粒」って書い

種子量早見表　20㎖当たり粒数の目安（タキイ種苗の資料を一部改変）

大玉トマト	1800
ミニトマト*	3100
ナス	2000～2400
ピーマン、トウガラシ、パプリカ	1500
キュウリ	480
スイカ	250
メロン	300～400
ニガウリ	40～60
エダマメ	45～60
実エンドウ、サヤエンドウ	40～100
つるありインゲン	20～80
つるなしインゲン	40～60
ソラマメ	5～11
ラッカセイ	11～12
オクラ	200
スイートコーン	60

ダイコン	700～1000
大カブ・コカブ	6600～7500
ニンジン（除毛）	3500～5000
ゴボウ	650～800
タマネギ	2500～3000
ハクサイ	3500～5000
キャベツ	3000～5000
ブロッコリー、カリフラワー	2500～3500
コマツナ	3500～5000
ミズナ	5000～8000
シュンギク	3000～4500
セロリ	3万～3万5000
レタス、リーフレタス	7000～11500
葉ネギ・根深ネギ	3000～5000
ホウレンソウ（丸粒）	Mは約900、Lは約600、ネーキッドは2300～2600

＊ミニトマトの種子の量は品種によって大きく異なる

てあるのが増えてきた。1袋に、トウモロコシならだいたい200粒、キュウリは350粒、キャベツやブロッコリー、カリフラワーなら2000粒入れるとか、だいたいの1袋基準もできつつあるところだよ。（談）

タネの大きさは大小さまざま

タネのことなら
なんでも聞いて
SEED

創業約60年の北相種苗（神奈川県相模原市）、2代目社長の大用和男さん。お客さんは専業バリバリと家庭菜園規模とで半々くらい（依田賢吾撮影、左も）

うちのせがれが
世話になります
蔵

タネの保存と発芽率の話

Q ちょっと前に買ったタネ。気付いたら有効期限が切れていた。もう播けない？

A 播ける。むしろ発芽率が上がる場合もあるで。

大阪・岡田 正

有効期限切れ7年のタネが発芽！

たいがいのタネは有効期限1年って書いてあるんよ。期限が切れたらもう播けんと思って、捨てる人もおる。でもな、じつはそんなこと全然ない。キャベツ、ハクサイ、ブロッコリー、カリフラワー、ダイコン、カブなんか5年はいける。レタスもけっこういけるな。

去年の夏なんか、有効期限を7年も過ぎたキャベツ（トーホクの「シャキット」）のタネを播いたんや。そしたらなんと、発芽率95％！　捨てるなんてもったいないやろ。ただし、ネギとタマネギはあかんな。買った年に使い切ったほうがええ。

古ダネのほうが発芽率がいい!?

長生きするタネは、古いからって発芽率が落ちることもそんなにない。むしろ上がることだってあるんよ。一度、トウモロコシの「サニーショコラ」（みかど協和）で、1年置いた古ダネとその年に買った新ダネを播いて、発芽率を比較してみたことがある。そしたら、古ダネのほうが明らかによく発芽したんよ。その古ダネは、前年播いた時は6割くらいしか出んかったんや。それが、1年置いたら8割も出た。メーカーの担当者もビックリしとったよ。

同じトウモロコシでも、スイート種（119ページ）なら9割くらい出るのに、最近のスーパースイート種は、サニーショコラにしても「おおもの」（ナント種苗）にしても、だいたい7割しか出えへん。これはみんな言っとるわ。そんな品種は、1年置いたほうがいいこともあるのかもしれんな。その時の条件にもよるかもしれんけど。

その代わり、タネをその辺にほっぽっといたんじゃダメ。うちはジップロックに入れて冷蔵庫で保管してる。去年の夏は大失敗して、買ったブロッコリーとかのタネを車に置きっぱなしにしてもうた。高温になったんやろうね、それを播いたら2割も出芽せんかった。やっぱりタネは、必ず冷蔵庫やな。（談）

「ずらしのおっちゃん」こと岡田正さん。野菜を出荷する道の駅の栽培講習会で、タネの保存方法も伝授する直売所名人

A 長生きするタネと、短命のタネがあります。

㈱ウエルシード・小林国夫

有効期限は発芽率を保証したもの

この有効期限、タネ屋にとっては悩みの種です。タネは基本的に返品できないので、有効期限が切れたら廃棄するしかない。だから、期限の直前に割り引いて売ったりしています。

でも、タネの寿命はもっと長いんです。種類にも

品目別タネの寿命

タネの寿命	品目
長命種子 （4～6年、それ以上）	ナス、トマト、スイカ
常命種子 （2～3年）	やや長命：ダイコン、カブ、ハクサイ、キュウリ、カボチャ やや短命：キャベツ、レタス、トウガラシ、エンドウ、インゲン、ソラマメ、ゴボウ、ホウレンソウ
短命種子（1年）	ネギ、タマネギ、ニンジン、ミツバ、ラッカセイ

「種苗読本」(日本種苗協会）より

よりますが、長命種子のナスやトマト、スイカなどは4～6年、ダイコンやハクサイ、ホウレンソウなども2～3年は持ちます。ネギやタマネギ、ニンジンなど1年しか持たない短命種子もありますが、基本的にタネの寿命は数年あるんです（いずれも室内環境で保存した場合）。タネ袋にある「有効期限」とは、あくまでメーカーが確認した「発芽率」（11ページ）を保証する期限にすぎないんです。

　ちなみにこの発芽率、試験条件下での結果であって、畑に播いたタネの発芽率を保証するものではありません。また、年によって変動があります。現在、野菜のタネの多くは海外で採種していて（56ページ）、その国が天候不順になったりすると、発芽率が落ちるようです。発芽率が悪い年は種苗メーカーからその旨案内が来て、その分、1袋当たりのタネの量が1割増しになったりします。

冷蔵庫でタネの休眠を打破

　そもそもタネは生きものですから、かなりデリケート。寿命が長いタネも、販売店や農家の管理によっては、その発芽率がどんどん下がってしまいます。一般的に、タネは湿度20～25％、温度5℃以下で保存するのが理想です。これより湿度が1％上がると発芽率は半減、温度が5℃上がった時も半減するといわれています（ハリントンの法則）。高温多湿はもってのほか。

　タネを買ってくれたお客さんには、予冷庫で保管してね、と声をかけています。葉物農家の予冷庫はちょうど5℃設定。発泡スチロールの箱にタネを入れて予冷庫に入れておけば、頻繁に開け閉めしても大丈夫です。予冷庫がない場合は、家庭用冷蔵庫の野菜室でもいいでしょう。タネは乾燥剤と一緒に密閉してから、発泡スチロールに入れましょう。

タネを冷蔵保存するのは、タネの寿命を延ばすだけでなく、発芽率を上げる効果もある。買ってすぐに播くよりも、冷蔵庫で1~2カ月冷やしてから播いたほうが、明らかによく発芽するんです。そもそも、買ってすぐの新ダネよりも、ある程度おいた古ダネのほうが発芽率はいい場合が多い。予冷庫で保存することで、低温によって、または時間の経過によって休眠が打破されるんでしょう。生命の危機を感じて、必死で芽を出すのかもしれませんね。(談)

農業資材を扱う㈱ウエルシード鹿嶋店（茨城県鉾田市）の小林国夫さん。（一社）種苗協会のシードアドバイザー（種苗管理士）。お客さんはバリバリの専業農家が9割以上というだけあって、質問のほとんどは「タネ袋からはわからないこと」だとか
（赤松富仁撮影）

タネが湿気ないように、いい袋は「気密包装」になっている

タネは湿度を嫌うので、いいタネ袋の内側には防湿性能があるアルミ箔などの包装資材を使って、湿気を通さないように密封してある。ただし、開けた瞬間からタネは空気中の水分（湿気）を吸い始めてしまうので、一度に使い切らない場合は、密閉できる容器に乾燥剤と一緒に入れて保存するといい。

編

開いたタネ袋の内側
（依田賢吾撮影）

冷凍庫なら20年持ちます。

千葉・林 重孝

冷凍するタネはビンに入れて密閉する

年間60品種以上を自家採種

有機農業を始めて来年で40年になります。作付け面積は2・4haで、野菜を中心に小麦や大麦、ダイズやアズキなどの穀類、クリ、キウイフルーツ、ギンナンなどの果物を栽培するほか、ニワトリを150羽平飼いしています。

農産物は提携しているレストランや消費者130軒に届けています。130軒のうち、宅配便を使うのは20軒だけ。110軒は、身土不二の考え方から、自分で直接配達して玄関まで届けています。

わが家でつくる作物は年間80品目、品種数でいうと150以上になります。そのうち、60品種以上のタネを自家採種しています。面積にすると畑の3分の2以上、種子繁殖する品目だけでなく、栄養繁殖するイモ類なども自家採種しています。

たっぷり採って数年かけて播く

ただし、毎年これらすべてのタネを採種しているわけではありません。

タネは本来、濡らしたり高温にさらしたり、条件を悪くしなければ、常温に置いても翌年には発芽するものです。ダイズやタマネギなど、品目によっては2年目の発芽率が落ちるものもありますが、ほとんどのタネは2~3年は大丈夫です。

そして、冷蔵庫や冷凍庫に入れておけばより長持ちして、数年かけて使用することができます。毎年採ろうと思っても、台風などで全滅してタネがまったく採れないこともあります。むしろ、採種に適した年に充実したタネをたっぷり採っておいて、冷蔵や冷凍保存したほうが効率的なのです。

また、アブラナ科などは交雑の心配があるので、たとえば今年はチンゲンサイ、来年はコマツナと決めて採種すれば、網掛けしたり隔離したりする必要もありません。

冷蔵庫は紙袋で5年、冷凍庫は缶に密封で20年

タネを長く保存するには、できるだけ湿度を下げた場所に置くか、温度を下げたところに置くことです。それに適しているのが冷蔵庫や冷凍庫なのですが、タネの保存にはそれぞれ少し工夫が必要です。

まず、採ったタネは十分に乾燥させます。タネを入れる容器は冷蔵庫と冷凍庫で違います。冷蔵庫は乾燥しているため、湿気を通す紙袋がベスト。私は茶封筒に品種名と採種年月を記載してタネを入れています。これで、たいがい5年は十分に発芽します。

さらに長く貯蔵するには冷凍庫です。冷凍すれば20年以上は十分に持ちます。特に貴重なタネは冷凍しておくといいでしょう。

理想をいえばマイナス20℃で保存するのがいいのですが、茨城県つくば市にある国立のジーンバンク（農業生物資源研究所）は、経費を抑えるためマイナス10℃で種子を冷凍保存しています。

スペースに余裕があるなら、家庭用の冷凍庫でかまいません。家庭用はマイナス18℃前後なので、より理想的な環境です。もしもマイナス20℃以下にしてしまうと、ラッカセイなど油分の多いタネは細胞が壊れてしまうそうです。

冷凍庫の場合、タネはビンや缶に入れて保存します。品種名と採種年月を記したラベルを貼った容器に、タネと未使用の乾燥剤を入れ、おせんべいの缶のようにビニールテープを巻いてフタとの隙間を塞ぎます。冷蔵庫と違って冷凍庫は湿度が高いので、フタをしただけではカビが発生してしまいます。冷凍庫に入れても、きちんと保存したタネは乾燥していて、肉や魚のように凍るのではなく、サラサラの状態です。

筆者

採ったタネはよく洗って、休眠物質などを落とす

出していきなり播かない

気を使うのは、タネを出すときです。冷蔵庫の場合も冷凍庫の場合も、出してすぐに容器を開けると、外気との温度差から水分がつきます（結露）。コップに冷たい水を入れると周りが濡れるのと同じです。

そこで、冷蔵庫に保存した場合は出してしばらく置いて、タネが乾いてから播種します。

冷凍庫の場合は、出したら封を開けずにそのまま冷蔵庫に1日入れて、外に出してさらに1日以上置きます。

こうして、タネが外気の温度と同じになってから封を開ければ、そのまま播種できるし、再び冷凍保存することもできます。

一度落ちた発芽率は戻らない

農家がタネを購入する場合、小袋よりも割安なので大袋で購入し、多少余らせることが多いと思います。また播種機で播く時はタネを多めに入れないと最後まで落ちず、うまく播けません。やはりタネが余って、翌年まで持ち越すことになるので、冷蔵庫での保存をおすすめします。

ただし、買ったタネを保存する場合は「有効期限」に気を付けてください。

タネ袋の「有効期限」表示の箇所には以前、「採種年月日」が記載されていましたが、約10年前に変更されました。採種年月日を記載すると古ダネを販売しにくくなるため、種苗メーカーにとっては「有効期限」のほうが都合がいいわけです。つまり、売られているタネも、決して新ダネばかりではないということです。

さらに店頭で高温高湿度にさらされたタネは、発芽率がすでに落ちているかもしれません。新しいタネと違って、古くて発芽率が一度落ちたタネは、冷蔵庫に入れたところで、また発芽率が上がることはありません。

発芽率が落ちていそうなタネは播種する前に、試しに10粒程度播いてみて、例えば5本しか芽が出なければ、播く量を倍に増やすのも一つのやり方です。

（千葉県佐倉市）

A プライミング種子は寿命が短いことが多いから気をつけて。

発芽の一歩手前まで進めてある

袋に「プライミング種子」とか「プライミング済み」などと書いてあるタネが売られている。プライミングというのは、タネを早く均一に発芽させるための処理のこと。

タネの発芽には水分と酸素と温度が必要だが（レタスなど光が必要なタネもある）、発芽にいたるまでには段階がある。まず、シワシワに乾いたタネが水を吸う。次に、十分に吸水して膨らんだら、タネの体内では各種の酵素が働きだして、胚乳や子葉に蓄えられていた養分が分解される。しばらくすると細胞の膨張、分裂が進み、いずれ発根にいたる。

しかし、プライミング種子は水を少しだけ吸わせて、発根の一歩手前の状態で留めてある。すでに発芽のスイッチが入っているので、新たに水と温度が加われば、最初の吸水段階をすっ飛ばして発根、発芽にいたるというわけだ。

催芽処理にはほかにも、タネの大きさを揃えたり、種皮を剥いだり（ネーキッド種子）、傷付けたり、低温・高温管理して休眠打破する方法などもあって、各社はどうも、それらの技術を組み合わせてタネの発芽率を高めているようだ。サカタの「PRIMAX《プライマックス》種子」やタキイの「エクセルプライム種子」、中原採種場の「アップシード種子」など、少し高価だが、発芽揃いがいいプライミング種子は人気がある。

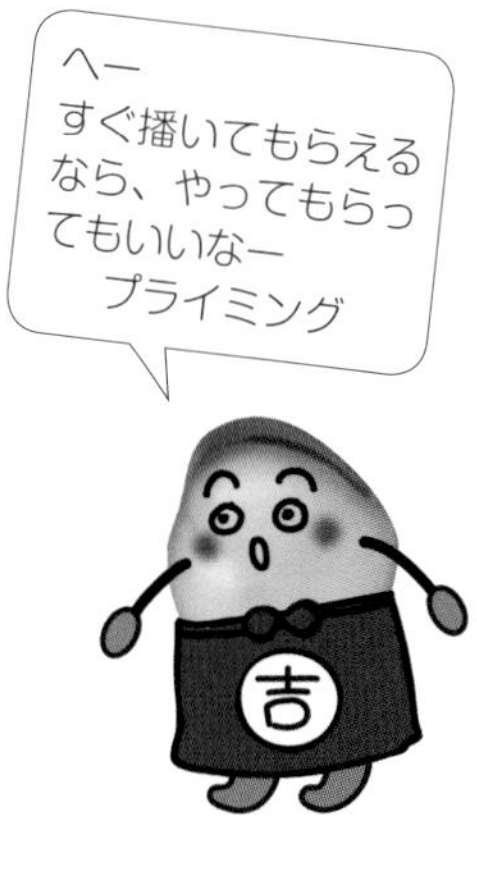
へー
すぐ播いてもらえるなら、やってもらってもいいなー
プライミング
吉

タネの寿命は短くなる

一方、タネが休眠するのは、生育に適さない厳しい環境を乗り越えるため（45ページ）。あらゆるスイッチを切って、静かに生命を維持している状態だ。プライミング種子は人工的にそのスイッチを入れてあるので、通常の種子のように、その後、何年も発芽能力を維持する、ということはできないのだ。

だから市販のプライミング種子は有効期限が半年くらいのことも多い。3カ月程度とより短いものもある。せっかく買った高いタネ。播きどきを逃さないようにしたい。編

播きやすいタネの話

Q 歳をとって、タネ播きも間引きも面倒になってきてな……

A とっても播きやすいコート種子が増えてきましたよ。

㈱ウエルシード・小林国夫

プロ用のタネはコート種子だらけ

コーティング種子、ペレット種子は、タネの周りを粘土鉱物などで被覆して、大きさや形を均一にして播きやすくしたものです。最近かなり増えてきました。ダイコンやハクサイ、キャベツ、ブロッコリー、チンゲンサイなどのアブラナ科から、ネギ、レタス、トマト、ホウレンソウまで……。とくにニンジンはコート種子ばかり。住化農業資材なんて、ニンジンではコート種子以外出していないくらいです。

手播きはもちろん、道具を使った播種作業にも向いています。最近はクリーンシーダーやごんべえといった播種機の精度が上がって、コート種子ならもれなく1粒ずつ播種できます。セルトレイに播種する場合も、生種《きだね》と違ってうまく転がって、ポット播種器の穴にちゃんと入るので、確かに便利です。

その分、値段も張ります。例えば横浜植木のニンジン「はまべに五寸」の場合、生種なら1ℓ（約16万5000粒）で2万5000円くらいですが、コート種子になると同じ額でその半分も買えません。ただし1粒播きなので、1カ所に2粒くらいずつ播種する生種と、面積当たりのタネ代はそんなに変わりません。間引きの手間も減らせます。コート種子には特別いいタネを使っているのか、発芽率もどうも高いみたいです。

生種のよさもあります。真夏など、発芽率が低い時期は、多めに播いて間引いたほうが、リスク回避になりますから。

また、プライミング種子と同様、コート種子も有効期限が短い（タネの寿命が短い）場合があるので注意してください（21ページ）。

夏播きにはシーダーテープ

播種しやすいといえばシーダーテープ（シードテープ）もありますが、こちらは減ってきましたね。コート種子は生種の播種機で播けますが、シーダーテープはテープシーダーという専用の機械が必要で、タネをテープに包む業者に委託するため追加料金も発生します。ウエルシードの場合、農家から依頼されたタネを日本マックランドや日本プラントシーダー、常総農興といった業者に送ってシーダーテープをつくってもらうので、時間もかかります。

ただし、例えばニンジンの夏播きならシーダーテープのほうが絶対いいという農家もいます。ただでさえ土壌水分が失われやすい時期に、コート種子は周りの粘土鉱物が水を吸ってしまって、中の種子まで必要な水が届かなかったりするからです。また、粘土が一度水を吸ってそれが乾くと、今度は硬く固まって発芽しにくくなるという欠点もあります。

その点、シーダーテープには水に溶けるオブラートタイプ（商品名ホルセロンやジェットロンなど）と不織布で包むタイプ（メッシュロンやサイガロンなど）の2種類あって、不織布タイプなら、播種前にドブ浸けしてタネに水分を十分含ませることもできます（脱水機にかけてから播種する）。これなら、夏播きニンジンの発芽もバッチリです。（談）

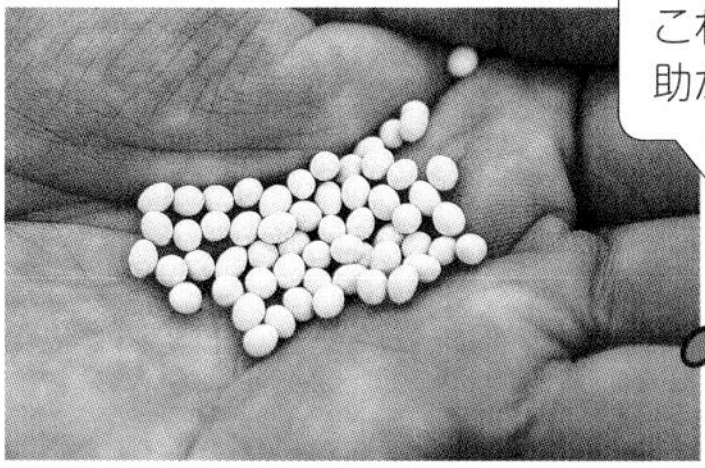

増えてきたニンジンのコート種子。タネの周りを粘土鉱物などで覆って、播きやすい形や大きさに揃えてある

引っ張るだけで真っ直ぐ等間隔に播種できるシーダーテープ（コマツナ）。タネの間隔や1カ所当たりの数は注文時に指定する。タネ屋さんを通して頼むことが多いが、個人の依頼に応えてくれるテープシーダー屋さんもある

発芽しやすいタネ

●発芽促進処理がしてあるタネ

※病害予防の
コート処理もしてある

ネーキッド種子

硬い皮を取り除いたホウレンソウのタネの商品名。タキイ種苗や中原採種場などから売られている。中原採種場には皮を取り除いたシュンギク（商品名アパッチコート種子）。播く前に水に浸ける必要はない。胚を守る皮がないので乾燥には弱い

プライミング種子

わずかに水分を吸わせた状態で乾燥させてあるタネ。播いて水分が与えられればすぐに発芽する「準備万全状態」になっている。サカタのタネではホウレンソウや花で「プライマックス種子」として、タキイ種苗ではトマトなどで「エクセルプライム種子」として、中原採種場ではホウレンソウで「アップシード種子」として売っている。吸収しやすいようにタネに小さな穴をあけたものをプライミング種子として売っている場合もある。いずれも播く前に水に浸ける必要がない。浸けすぎると酸欠をおこす

最近売られている

●播きやすくし、発芽もしやすいタネ

コート種子（ペレット）

断面図

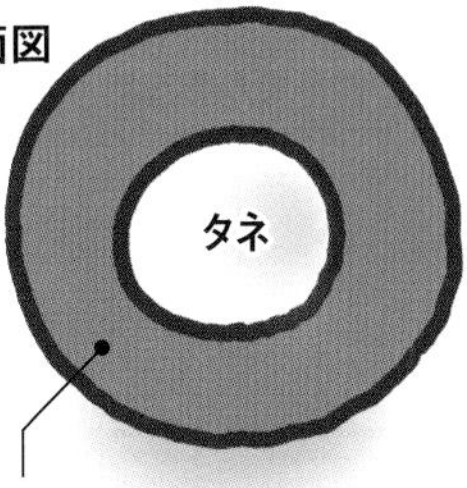

播きやすさのために、タネを中心に丸い形に成形したもの。加工していないタネに比べると発芽もいいので、少ない数のタネを効率よく播ける。播種後、吸水したあとに乾くとタネが固まって発芽しなくなるので、水分を切らさないのがコツ

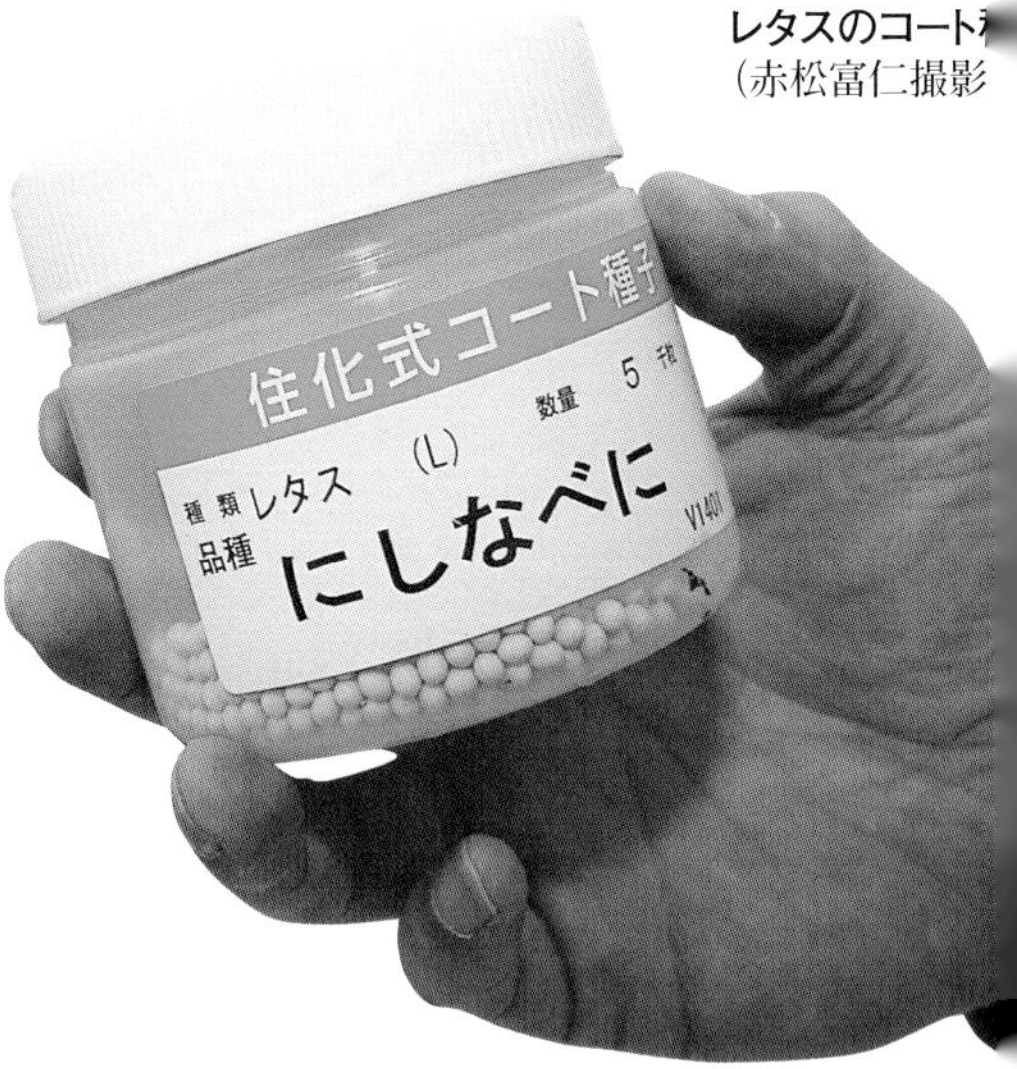

レタスのコート
（赤松富仁撮影

フィルムコート種子

病気を防ぐために、殺菌剤を薄い被覆でまんべんなく覆ったもの。粉衣処理したものに比べて防除効果が高く、薬剤の飛散も少ない

※これらの加工種子はとくに育苗業者や産地などで普及が進んでいる。家庭菜園向けにも急速に普及しているようだ。もちろん価格は割高

編

種子消毒の話

売ってるタネはみんな種子消毒されているんですか？

無農薬のタネもある。消毒済みの場合はタネ袋にちゃんと書いてある。

タネ袋の裏を見て「チウラム剤処理1回」などと書いてあったら、それは農薬による種子消毒済みという意味。ベノミルとかキャプタン、イプロジオンやチアメトキサムなどもそう。

農薬名が書いてないからわかりにくいが、チウラムやベノミルは「ベンレート」、キャプタンは「オーソサイド」、イプロジオンは「ロブラール」、チアメトキサムは「アクタラ」の成分だ。いずれも殺菌剤で、カラスなどの鳥よけに効果があるものもある。

「チウラム剤・ベノミル剤処理各1回」とあれば「ベンレートT水和剤20」で種子消毒してある、ということ。野菜類のフザリウム菌やリゾクトニア菌による病害などに登録があって、例えばキュウリであれば、苗立枯病やつる枯病の予防効果が期待できる。

注意したいのは、この種子消毒も、農薬の使用回数に含まれること。キュウリにベンレート水和剤は4回使えるが、「チウラム剤・ベノミル剤処理各1回」とあるタネを買った場合、栽培中には残り3回しか使えないということだ。

種子消毒については表示義務があるから、消毒してある場合はタネ袋に必ず書いてある。逆に何も書いてなければ、無農薬のタネだと考えていいわけだ。

消毒済みのタネを誤って食べないように、紫やピンクで毒々しく着色している場合もあるが、こちらは義務ではないので、色がついてない場合もある。編

消毒されていない無農薬のタネが欲しいんですけど……

地元のタネ屋さんに、早めに頼んでみよう。

㈱ウエルシード・小林国夫

有機栽培をするお客さんから、こうした要望はけっこうあります。有機ＪＡＳでは、無農薬のタネの入手が難しい場合は、種子消毒された一般のタネの使用も認めてはいるんですが、やっぱりタネまで無農薬にこだわりたいんですよね。

とくに規模が大きい場合、生産ダネ（営利用）の大袋になると、ほとんどが消毒済み。無農薬のタネを探すのは大変です。

うちの場合、種苗メーカーに問い合わせて、消毒前のタネをとっておいてもらうこともあります。対応してくれるかどうかは種苗メーカー次第ですが、皆さんも地元のタネ屋さんにお願いしてみるといいでしょう。

欲しい品種が決まったら、なるべく早めに頼むことと、少量ではなく、ある程度ロットをまとめることがコツです。（談）

種子消毒して着色されたタネ
（依田賢吾撮影）

※無農薬のタネについては63、68ページも参照ください。

タネの名前の話

どちらも同じ野原種苗のコマツナ「あやか」

Q 違う品種のタネを買ったつもりが同じ品種だった、ということがあると聞いたけど……

A そういうことがあります。「商品名」ではなく、「品種名」をチェックしたい。

「商品名」を大きく記すタネ袋が増えてきた

タネ袋の表側、一番目立つ位置にはタネの名前が書いてある。当然、その品種名を表示していることが多いが、北相種苗の大用和男さん（12ページなど）によると、最近は「早どりキャベツ」とか「寒さに強いホウレンソウ」とか、その特徴がわかりやすい野菜の名前が書いてある袋が増えたという。

ただし、いくらわかりやすくても中身が伴わないとダメ。例えばリピーターも多いという野原種苗の「おいしい小松菜」。これは、従来品種の「あやか」（野原種苗）と中身はまったく同じだという。つまりおいしい小松菜は「品種名」ではなく「商品名」。あやかがおいしい品種だからこそ売れるわけだ。

商品名

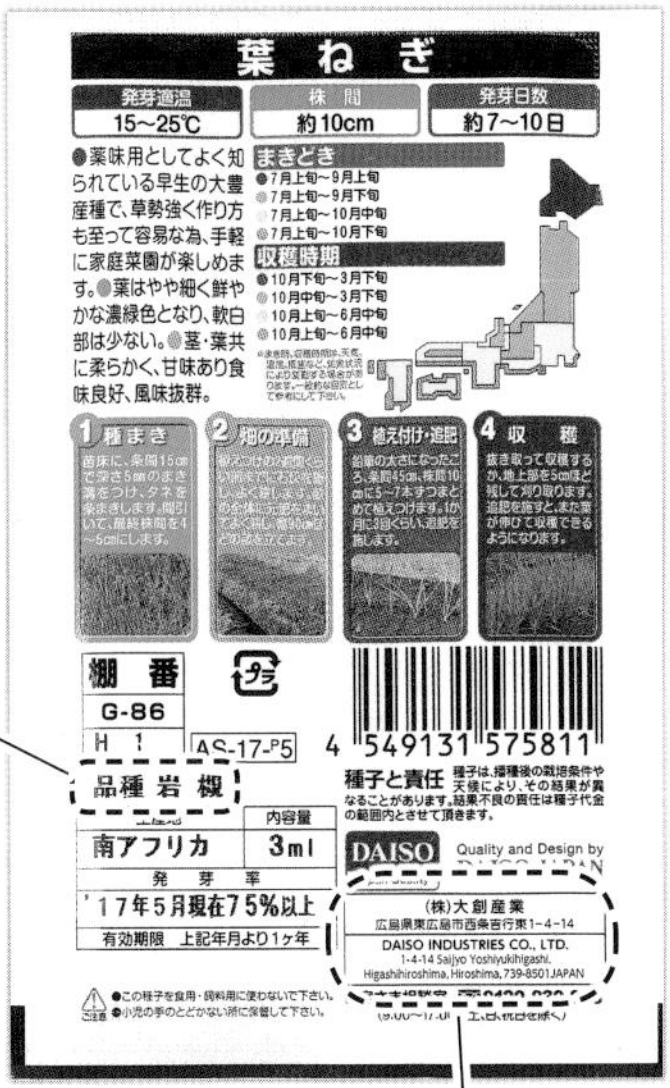

品種名

タネ袋の表には「葉ねぎ」としか書いていないが、裏返すと小さく「岩槻」と品種名が書いてある。岩槻ネギは埼玉県の旧岩槻市（現さいたま市）の在来品種。品種登録はされていないが、袋には明記する義務がある。もしもタネ袋に品種名が載っていない場合（商品名か品種名かどうかわからない場合）は、種苗業者に聞いてみよう。必ず教えてくれるはずだ

タネ袋には、種苗業者の連絡先も必ず載っている

品種名を隠して売るのはルール違反

一方、商品名表示だけでは、農家に品種がわからない。同じものを買ってしまうなどの勘違いも起きる。そこで種苗法では、タネ袋に「種類および品種」を表示しなければ、タネや苗を販売してはならないと定めている。品種名を隠してタネを売ってはいけないのだ。商品名が大きく書かれたタネ袋の場合、だいたいは袋の裏に小さく品種名が書いてあるので、チェックしてほしい。

ここでいう品種名とはなにか。種苗法に基づいて登録された品種の場合は、その登録品種名を記す義務があり、必ず品種名がついている（登録が失効した場合も、その品種名を表示する）。ただし、9000品種以上あるという野菜の中で、現状、登録品種は800にも満たない。F_1品種の多くは登録しておらず、古くからある在来種など、登録が認められない品種もある。

タネ袋には、これら登録品種以外の品種名も表示しなくてはならないが、各社が好き勝手な品種名を掲げては困る。そこで日本種苗協会が流通しているタネの品種名を審査し、適当な名前をつけたりしないように指導しているという。編

トマトの「桃太郎8」や「桃太郎ワンダー」は、同じ系統の品種なの?

桃太郎はシリーズ名。初代の血も少しだけ残っているそうだ。

桃太郎シリーズはこれまでに30品種以上が世に出て、現在22品種が販売されている(150ページ)。タキイ種苗の横川武弘さんによると、それらはすべて初代「桃太郎」(1985年発売)の血を引いているという。ただし、その割合は「少ないものだとごく数%というのもある」。

同じ桃太郎といっても、夏秋栽培だけでなく半促成、抑制作型で栽培できるように、また、青枯病や葉かび病に抵抗性をつけるため、自社他社を問わず、多種多様な品種を利用して開発してきたということだろう。

初代桃太郎の血を引くだけでなく、食味がいいことも条件。糖と酸、そしてグルタミン酸の数値を測定し、一定の基準をクリアしたものだけが桃太郎シリーズに入るそうだ。ブリーダーのベロメーターも重視していて、例えば糖が少し低くても、味が濃いものに桃太郎の名をつけることもあるとか。

ちなみに、「桃太郎」は商標登録をとった商品名。「桃太郎8」や「桃太郎ワンダー」はともに品種名だが、「桃太郎8」が登録品種でないのに対して、「ピース」や「ホープ」「ワンダー」は品種登録出願中である。タキイ種苗は2006年以降、F_1品種のトマトにおいても、積極的に品種登録を進めているようだ。

編

大きさも色もいろいろなタネ。種子消毒されたものには
青やピンクの色がついている（依田賢吾撮影）

抵抗性と耐病性の話

Q 品種名の前についてるYRとかCRとかってなんのこと？

A 特定の病気に強いということ。

「YR」はYellows Resistanceの略。アブラナ科の萎黄病に抵抗性がある品種で、つまり、萎黄病に強いということ。ダイコンやキャベツに多い。

「CR」はClubroot Resistanceの略で、根こぶ病に抵抗性を持つという意味。ハクサイやカブの品種名の前によくついている。「YCR」とあれば、萎黄病にも根こぶ病にも抵抗性があって強いということだ。

トマトの品種名にある「CF」は、葉かび病抵抗性を意味する。

ただし、品種名にYRやCR、CFがついていなくても抵抗性を持っていることもある。その場合はタネ袋やカタログに書いてあったりするのでチェックである。

また、カタログなどでは、病害名が記号で表記されていることが少なくない。「B・F1・J3に耐病性」といった具合で、知らなければ、なんのことだかわからない。左の表を参考にしてほしい。編

抵抗性（耐病性）表記

アブラナ科野菜	YR	萎黄病
	CR	根こぶ病
トマト	TY	黄化葉巻病
	Cf-9	葉かび病レース9

病害の略称

トマト	ToMV	トマトモザイクウイルス
	Tm-1	トマトモザイクウイルスTm-1型
	Tm-2a	トマトモザイクウイルスTm-2a型
	B	青枯病
	F1	萎凋病レース1
	F2	萎凋病レース2
	J3	根腐萎凋病
	V	半身萎凋病
	Cf	葉かび病
	LS	斑点病
	N	サツマイモネコブセンチュウ
	K	褐色根腐病（コルキールート）
ナス	F	半枯病
	B・V・N	トマトと同じ
ピーマン	TMV	タバコモザイクウイルス
	ToMV	トマトモザイクウイルス
	PMMoV-L3	トウガラシマイルドモットルウイルス
	B	青枯病
	Pc	疫病
ウリ類	CMV	キュウリモザイクウイルス
	ZYMV	ズッキーニ黄斑モザイクウイルス
	WMV	カボチャモザイクウイルス

蔵
そうそう
たくさんあって
すぐ忘れちゃうんダネ

Q 「抵抗性」と「耐病性」ってどう違うの？どっちが強いの？

A 「抵抗性」のほうが強い。「耐病性」は種苗メーカーのモノサシ。

病気に対しては「耐病性がある」と書かれた品種より「抵抗性がある」と書かれた品種のほうが強い。

詳しくいうと、抵抗性には「真性抵抗性」と「圃場抵抗性」の2つのタイプがある。真性抵抗性を持つ品種は特定の病原菌に極めて強く、株全体がその病気にはかからない（感染しない）タイプ。一方、圃場抵抗性を持つ品種は感染するものの、体内での病原菌の増殖が抑えられ、被害の程度が軽く済むタイプ。多くのメーカーで「耐病性がある」と表記しているのは、この圃場抵抗性を持つほうの品種だ。

だが、真性抵抗性だったら絶対安心、とはいかない。その病原菌に新種（新レース）が登場すると、発病してしまうからだ。キャベツの萎黄病は長期間安定して抵抗性が発揮されているが、近年のホウレンソウのべと病やトマトの葉かび病のように、新レースが次々と出現してその抵抗性が破られることもある（36ページ）。トマト萎凋病、ウリ科野菜のつる割病にも新レースが登場しているため、真性抵抗性を持つ品種に「耐病性品種」と表記している種苗メーカーもある。

一方、圃場抵抗性を持つ品種は、例えばカルシウムやケイ酸の集積能力が高かったり、葉が分厚かったり、病気に強いしくみがさまざま。新レースに対してもある程度の抵抗性を示すので、どんなレースが潜んでいるかわからない場合は、耐病性品種を選ぶという手もありそうだ。ただし、その耐病性の強弱は品種によってさまざまで、あくまでメーカーのモノサシによって決められている。環境にも左右されるので、栽培技術にかかっているともいえる。

編

Q 接ぎ木苗なら病気は安心ですよね？

A 台木によって得手不得手があるから気をつけて！

北相種苗・大用和男

　トマトやナス、キュウリなどには、土壌病害に強い台木があります。ですが、それぞれどんな病気にも強いというわけではありません。例えばトマトの台木だけでも30品種くらいあって、それぞれ得意不得意があります。でも、家庭菜園のお客さんは「接ぎ木苗なら大丈夫」と思っている人が多いんですよね。

　過去にこんな失敗がありました。ナスの半身萎凋病に困っていたらしいのですが、最初にそれをいわないから、タキイの「台太郎」を使っちゃった。台太郎は青枯病には耐病性があるけど、半身萎凋病にはない。結局、圃場の半分くらいで台太郎を使って、そこで病気が出ちゃった。半身萎凋病が出てるとわかっていれば、私も「トルバムビガー」（カネコ・タキイ）とか「緋脚」（カネコ）をすすめたんですけどね。

　トマトでも、褐色根腐病が出た圃場で、台木選びを間違えて半分くらい枯らした人がいました。トマトは、人間の血液型みたいに穂木と台木の相性もあって難しいんですよね。台木ならなんでもいいってわけじゃないんですよ。（談）

ナスの台木品種と耐病性（各メーカーによる評価）

カネコ

品種名	B	F	V	N
信頼	○	◎		－
緋脚		◎	○	－
トルバムビガー	○	◎	○	－

タキイ

品種名	B	F	V	N
耐病VF		○	○	
ミート	△	○	○	
台太郎	○	○		
赤ナス		○		
トナシム	○	○	○	○
トルバムビガー	○	○	○	○

※病害の略称については33ページを参照ください

Q ホウレンソウのタネ袋にある「R○」ってなんのこと？

A 抵抗性を破る病原菌の新種（レース）のこと。もうR16まで出てるけど……。

㈱ウエルシード・小林国夫

次々と破られるべと病抵抗性品種

ホウレンソウにとって一番怖い病気がべと病です。抵抗性品種がありますが、それを侵す新種（新レース）が次々と現われています。この地域では、2〜3年前まではサカタの「トラッド7」や「クロノス」「ミラージュ」が人気でしたが、べと病のレース8が出て壊滅的な被害を受けました。その時に唯一生き残った「オシリス」（サカタ）が脚光を浴びたんですが、一昨年、そのオシリスにもべと病が……。それで今年はレース11に抵抗性のある朝日工業の「早一郎」やナントの「シューマッハ11」に切り替えが進んでいます。

普通のタネ屋さんは、こうした品種をどんどん導入して店頭に10品種くらい揃えていますが、結局イタチごっこだと思います。カネコ種苗からはすでにレース16（国内の発生はない）に抵抗性を持つ品種「スナイパー」や「サンホープセブン」も出ましたが、それだっていずれは破られるでしょう。

抵抗性よりも作業性と収量性

一方、うちの一押し、ナントの「スクープ」は抵抗性がR（レース）1〜4までしかありません。それでも、うちのお客さんはそこまで被害を出していません。耕し方を変えて圃場の排水性を改善したり、系統の違う殺菌剤できっちりローテーション防除したり、チッソ施用量を減らすなど、抵抗性品種に頼らなくても、病気はかなりカバーできるんです。うちはこうした栽培技術とセットで品種を提案

ホウレンソウのおもな品種のべと病抵抗性

メーカー	品種名	R1～4	R5	R6	R7	R8	R9	R10	R11	R12	R13	R14	R15	R16
朝日工業	早一郎	○	○	○	○	○	○	○	○	×	○	×	○	×
ナント	シューマッハ11	○	○	○	○	○	○	○	○	×	×	×	×	×
カネコ	チェイサー	○	○	○	○	○	○	○	○	○	○	×	○	○
カネコ	サンホープセブン	○	○	○	○	○	○	×	○	○	○	○	○	○
カネコ	スナイパー	○	○	○	○	○	○	○	○	×	○	×	○	○
サカタ	トラッド7	○	○	○	○	×	○	×	○	×	○	×	○	×
サカタ	クロノス	○	○	○	○	×	○	×	○	×	○	×	○	×
サカタ	ミラージュ	○	○	○	○	×	○	×	○	×	○	×	○	×
サカタ	オシリス	○	○	○	○	○	○	○	×	×	×	×	○	×
ナント	ベストイレブン	○	○	○	○	○	○	○	○	×	×	×	×	×
ナント	スクープ	○	×	×	×	×	×	×	×	×	×	×	×	×

真性抵抗性は特定のレースにしか発揮されない。例えばR1～7、R9に○がついていればべと病菌レース1～7、9にはやられないが、レース8のべと病菌が出れば感染してしまう。ホウレンソウのべと病菌は、1990年までレース1～3しか確認されていなかったが、その後次々と新レースが登場。海外ではレース16まで報告されていて、国内でもR12品種を侵すレース13の出現が確認されている

しています。

べと病さえクリアできれば、スクープはめちゃくちゃ作業性がよくて多収できる、素晴らしい品種なんですよ。まず、極立性で葉が60度くらいの角度で立ちます。他の立性品種の葉の角度はせいぜい45度くらい。株間が狭いと隣の株の葉と絡まってしまい、丁寧に収穫しないと葉がちぎれてしまいます。その点、スクープはさっさと収穫できちゃいます。

それから、分けつ力（株張り）がすごい。株の内側から、次から次へと葉が伸びてきて、普通の品種の1・5倍くらいのボリュームになる。貧弱なホウレンソウだと15株以上で200g1袋のところ、スクープなら6～8株で1袋つくることもできます。半分の手間で出荷できるわけです。

葉が立つので作業性がよくて、その一株一株にボリュームがあるので、収量も非常に多い。古い品種でべと病抵抗性はありませんが、それだけで諦めるには惜しいと思います。（談）

作型図の話

野菜・花の作型を見るときの
地域区分図

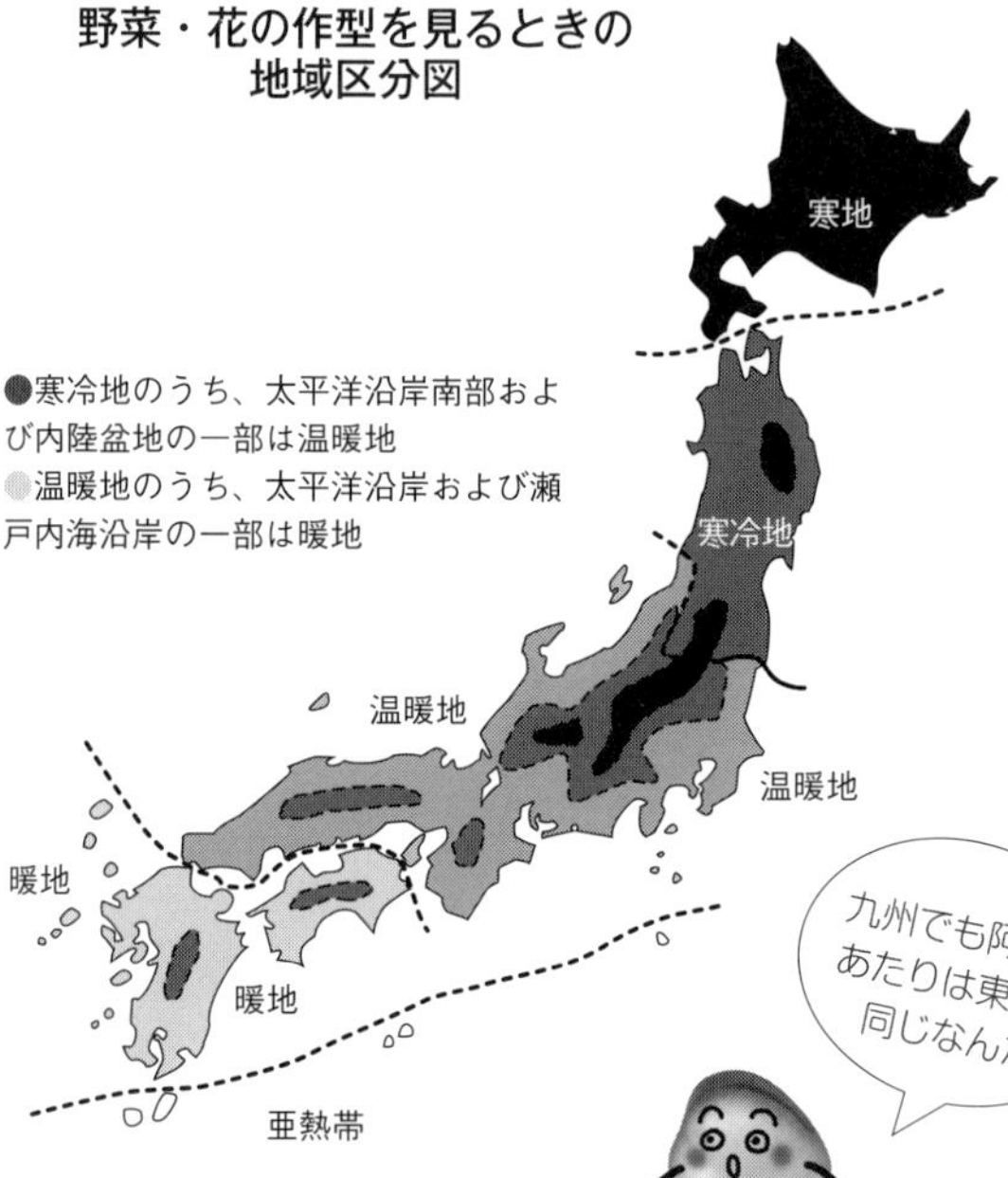
寒地
●寒冷地のうち、太平洋沿岸南部および内陸盆地の一部は温暖地
●温暖地のうち、太平洋沿岸および瀬戸内海沿岸の一部は暖地
寒冷地
温暖地
温暖地
暖地
暖地
亜熱帯

九州でも阿蘇のあたりは東北と同じなんだ
吉

Q 作型図はどう見たらいいの？うちはいったどこかしら？

A 目安にはなるけど、あてにしてはいけません。

北相種苗・大用和男

ここ神奈川県相模原市でもちょっと山手に行くとすごく寒いところがあるんですよ。そういうところと平場じゃ、同じ地域でも播き時や管理の仕方は違ってくる。だからタネ袋の作型図を見て、これで播けばいいと思ったら大間違い。極端にいえば、隣り合わせの土地でも日当たりによって違ったりするわけですから。作型図はだいたいの目安程度にしたほうがいい。おおざっぱにはわかるんですけどね。（談）

A 地域の種苗店さんなら、品種にあった播きどきを教えてくれます。

㈱ウエルシード・小林国夫

タネ袋に書いてある作型はあくまで目安。だから私たちは、種苗メーカーが新品種を出したら、店頭に並べる前に、懇意にしている農家に試験栽培をしてもらいます。実際に1～2年栽培してみて、この地域で栽培する場合の播きどきをつかんでから、他の農家にすすめることにしています。

ホウレンソウの場合、こんなことがあります。タネ袋に書いてある冷涼地（高冷地）、一般地（中間地）、暖地の中で、ここ茨城県は一般地に当たります。ナント種苗の「スクープ」は作期がかなり長い品種なので、タネ袋を見ると、一般地なら8月上旬から4月中旬まで播種できることになっています（下図）。でも、鉾田市内では10月20日頃になると播けなくなる。低温伸長性（＊）がないんで、寒くなる時期に播くと生育が止まってしまうんです。

そこで10月中旬からはサカタの「オシリス」などをおすすめします。低温伸長性があって、真冬でも

スクープ
（ナント種苗）

タネ袋の作型図はあてにならない

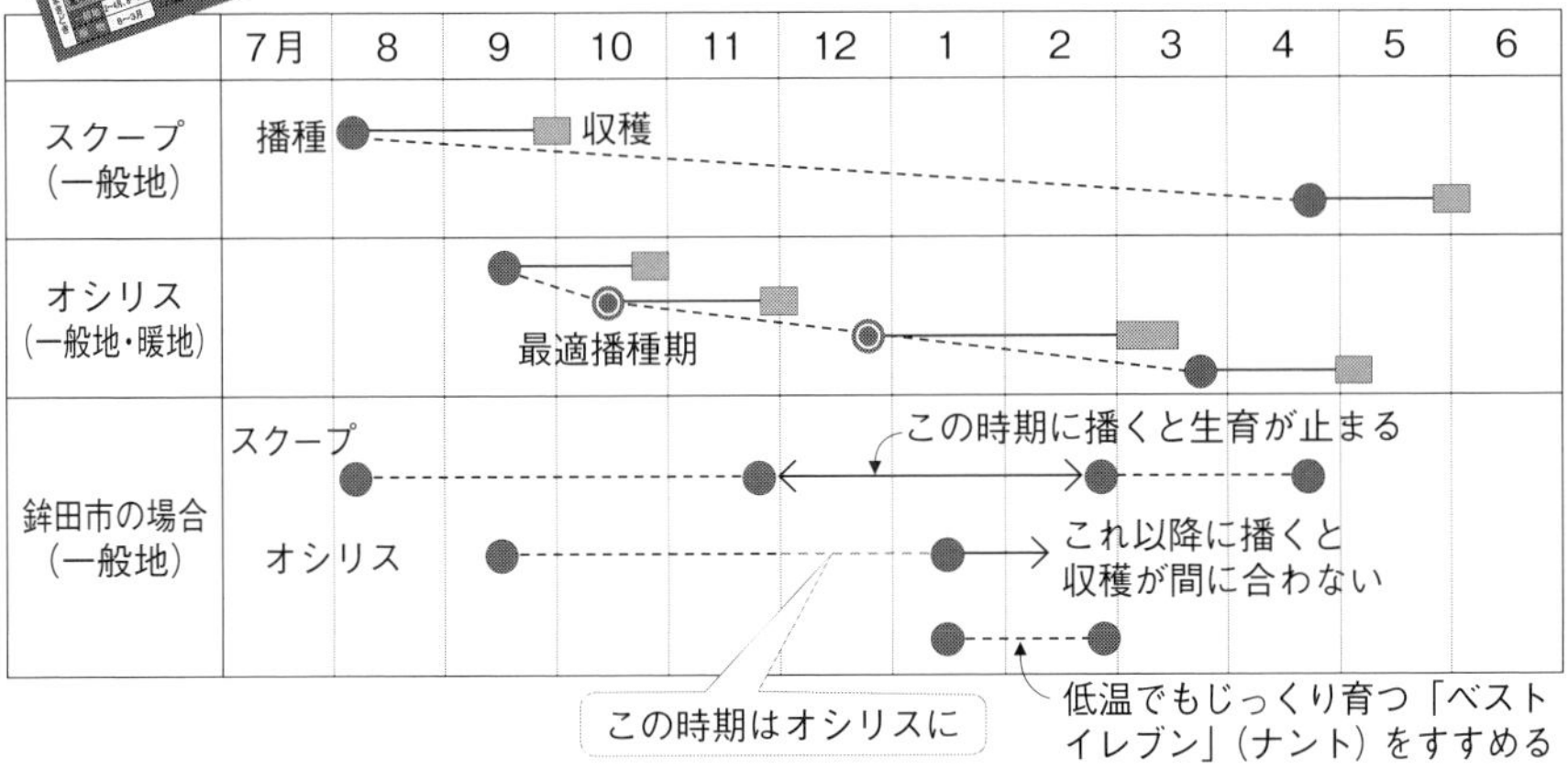

よく育ちます。タネ袋の作型図にも、一般地では9月上中旬～3月下旬が播きどきと書いてあります。ところがこの地域では、オシリスの播きどきは1月中旬まで。それ以降に播くと、ハウス内が暖かくなる時期に生育するので、あっという間に伸びて収穫が間に合わなくなるからです。低温伸長性がありすぎるんですね。ホウレンソウの市場規格は25cm程度、大きくなりすぎたら畑にすき込むしかありません。在圃性（＊）がないんです。少し暖かくなったら逆に、またスクープに戻します。（談）

Q 品種名の後ろにある80とか90とかの数字はなに？

A タネを播いてから収穫までの日数です。株間の目安にもなります。

北相種苗・大用和男

これは単純にタネを播いてから何日でとれるかっていう数字。早生、中生、晩生とかあるでしょ。お

＊ことば解説

低温伸長性　生育がストップしてしまう温度が他の品種に比べて低く、低温でもよく育つ性質。

在圃性　収穫期を迎えても、そのまま長く畑に植えっ放しにしておける性質。「在圃性に優れる」品種は収穫期間が長い。

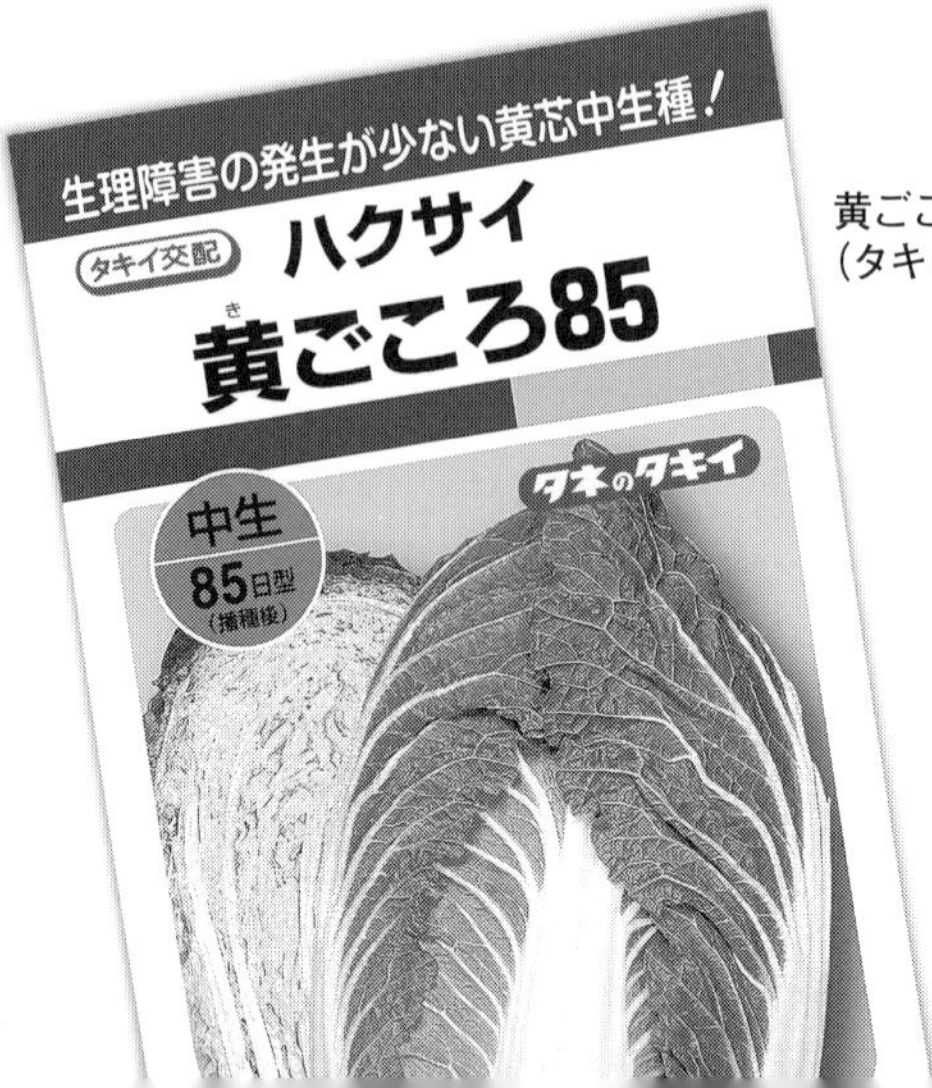

黄ごころ
（タキイ）

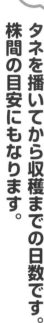

もに数字がついているのはハクサイとかトウモロコシ。例えば、ハクサイの「黄ごころ」（タキイ）なら、65、75、85、90とかって数字がある。数字が小さい早生は、その分葉数が少なくなるから、とれるハクサイも小さい。だから株間も狭くていい。逆に数字が大きい晩生だと、葉数も多くなるからハクサイもデカくなる。その分株間も広くしなきゃいけないですよ。（談）

タキイ種苗・千葉潤一

A ハクサイの場合、温暖地で8月20日頃に直播きをしたときの収穫日数です。

ハクサイについてる数字は、中間地（温暖地）で8月20日頃にタネを直播きして「よーいドン！」で一斉に育てたときの日数なんですよ。ハクサイはキャベツなんかよりも耐暑性や耐寒性がないから播きどきが限定されるんです。キャベツの場合は、これから暑さが厳しくなる7月播きもあるし、だんだん涼しくなる9月播きもある。だから、キャベツの名前の後ろに数字がついたものはないはずです。おそらく……。

それに、ハクサイにしても数字がつくのは、秋播き品種だけです。春播きはトウ立ちする前に収穫しないといけないから、すべて早生で晩抽性（＊）の品種なんです。（談）

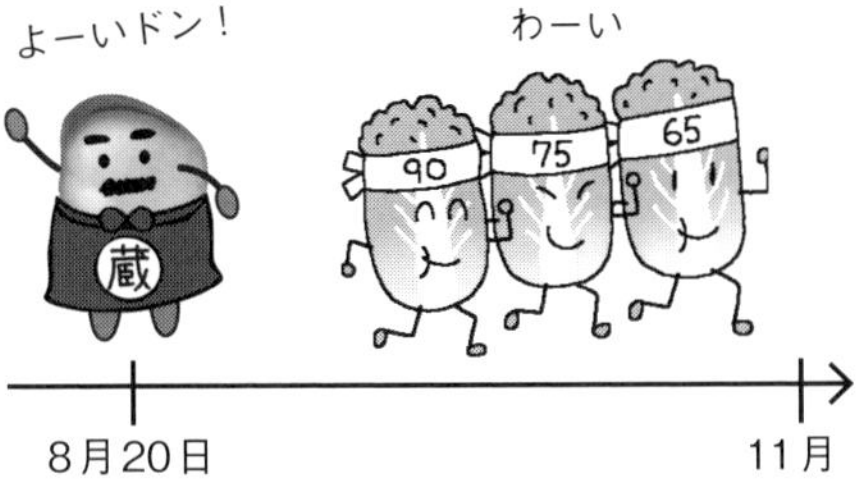

＊ことば解説
晩《ばん》抽《ちゅう》性 抽台《ちゅうだい》（トウ立ち）の遅い性質。ハクサイやダイコンの場合、トウ立ちすると葉や根に蓄えた栄養が使われて消耗し、品質が劣る。

品種名の後ろの数字は生育日数のこと

近頃は、早晩性の表記がよりわかりやすく具体的に変わりつつある。とくにスイートコーンとハクサイなどで早生・中生・晩生を80日とか90日とかの数字で表わす傾向にある。

早生・中生・晩生品種を使い分ければ長くとれるんだな

スイートコーン

ボクの早晩性は雄穂の出るまでの栄養生長期間の長短で決まるよ（詳しくは120ページ）

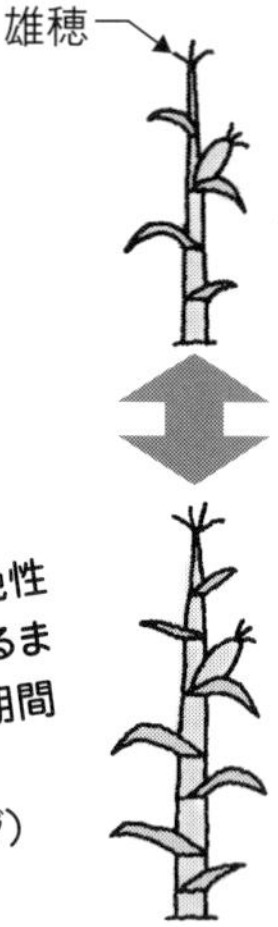

早生　80日くらい

背が低く、収量は劣るが、倒伏しにくい

中生　90日くらい

晩生　90日以上

ハクサイ

ワタシの早晩性は結球開始の早晩で分けられるのよ

タネまきから収穫までの日数

極早生　45日くらい

早く結球するが、葉数が少なく小玉。1枚の葉が厚い

早生　55～60日

中生　70～85日

葉数が多く、固くしまり、貯蔵性がいい

晩生　90日

※品種の早晩性については、134ページもご覧ください

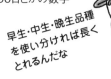

「○○80」

ナルホド
晩生ほどわき芽が
とれるのね

ブロッコリー

ボクの早晩性は花芽分化の早晩で決まるよ

葉数の少ない小さなうちに高い温度で花芽ができる

花芽分化が遅く、葉数が多くなり、わき芽が出やすい。生長点が分散するせいか、頂花蕾は扁平型になりやすい

	タネまきから収穫までの日数
早生	80～120日
中早生	100～130日
中生	120～150日
中晩生	150～200日

※生育日数の表記は、メーカーによって「定植から○日」となっていることがあるので注意

この他、「貯蔵性にすぐれる」や、「在圃性にすぐれる」と書いてある品種も要チェックだ。これらは早生よりも中晩生種に多い傾向

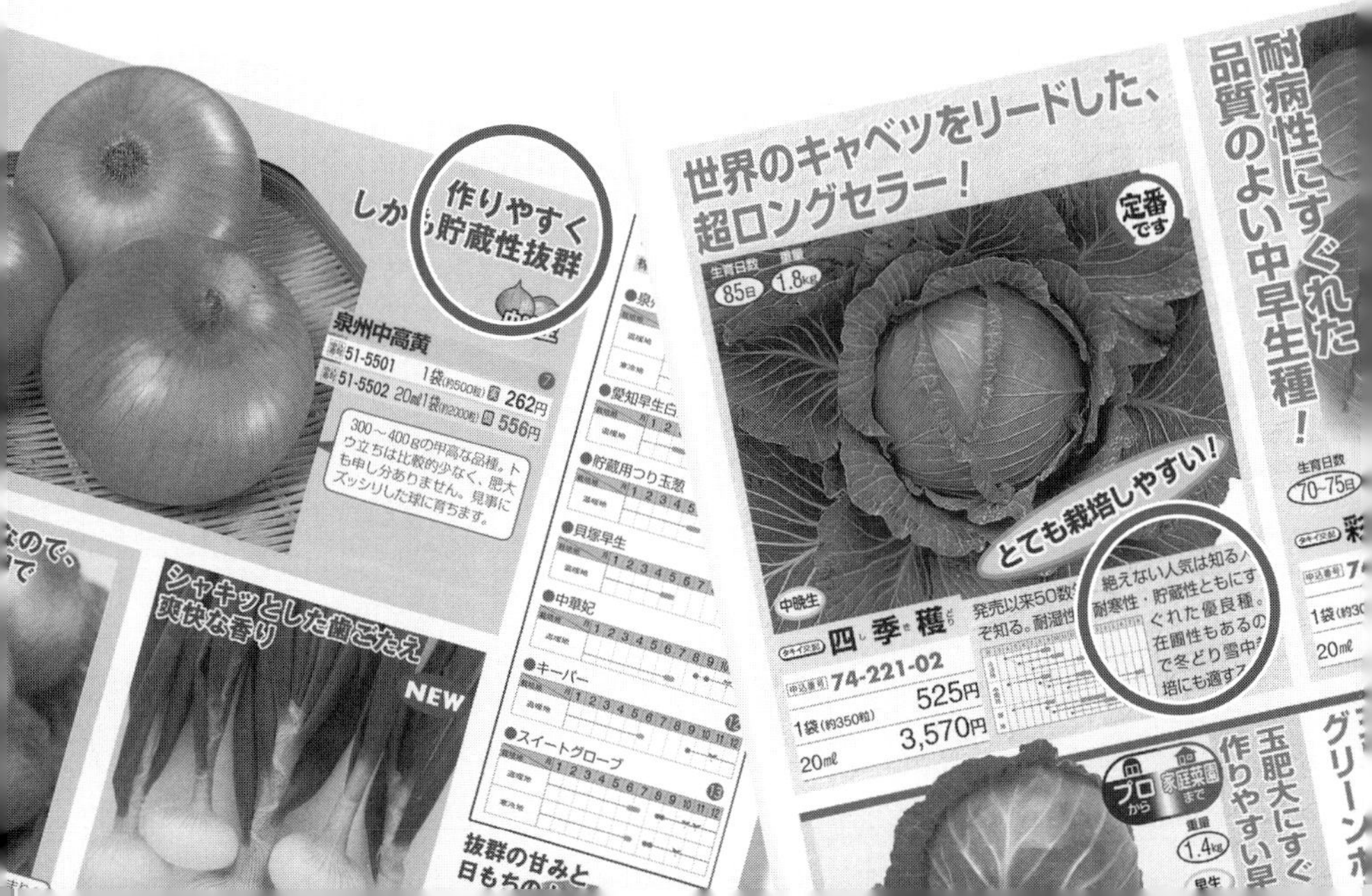

スイートコーンの後ろの数字、84と86って ほとんど変わらなくない？ 意味あるんですか？

たった2日の差ですが、84と86では大きな違いがあるんです。

タキイ種苗・河西孝昭

スイートコーンの名前の後ろの数字は、関東平坦地で5月の連休明け播種、露地栽培を基準にした収穫日数です。82、83日タイプが早生、84、85日が中早生、86～88日が中生、それより長いと中晩生という感じですね。確かに、ずいぶん細かい分け方ですよね。まあ88日と90日タイプの違いはそんなにないですが、84日タイプを中心にして2日ずれると、これは大きく違いますね。

例えば4月20日～5月10日の気温の上昇が激しい頃にタネを播くとなると、品種を使い分けないといけない。まだ寒さが残る4月20日に84日タイプの中早生を播けば、比較的低温でじっくり育つので、いい時期に出穂して実もそこそこのものができる。でも、この時期に86日タイプの中生を播くと栄養生長の期間が長くなりすぎて木ボケが起きる。茎葉に養分が行きすぎてムダな分けつ（側枝）が出たりするんです。すると、本来なら早生よりしっかりとした実がとれるはずなのに、小さくなったりする。

逆に暖かくなってきた5月10日に84日タイプの早生を播くと、高温で栄養生長もそこそこに出穂してしまい、小さな実しかできない。86日タイプの中生を使ったほうが、茎葉がしっかり育って良品ができるんです。

エダマメの早生や中早生品種の使い分けでも、同じようなことがいえますね。ただ、エダマメの名前の後ろに数字がつくことはない。スイートコーンは品種改良が進んで日長に影響を受けることはないですけど、エダマメの場合は、晩生の丹波黒とかで日長の影響を受ける品種もあって、「よーいドン」で比べられないからでしょうかね。

（談）

短日植物・長日植物ってなに？

播き時をはずさないために知っときたい、植物の生き残り戦略……

花を咲かせてタネに化ける!?

自分で移動することができない植物は、生育が難しい過酷な季節が近づくと花を咲かせてタネに化けて生き延びようとする。

過酷な季節の到来をキャッチする手段の一つが、日長。日長の四季は、気温の四季の前触れとなるからだ。寒さが苦手なイネ（短日植物）は、日長が短くなると冬に備えてタネをつくりはじめる

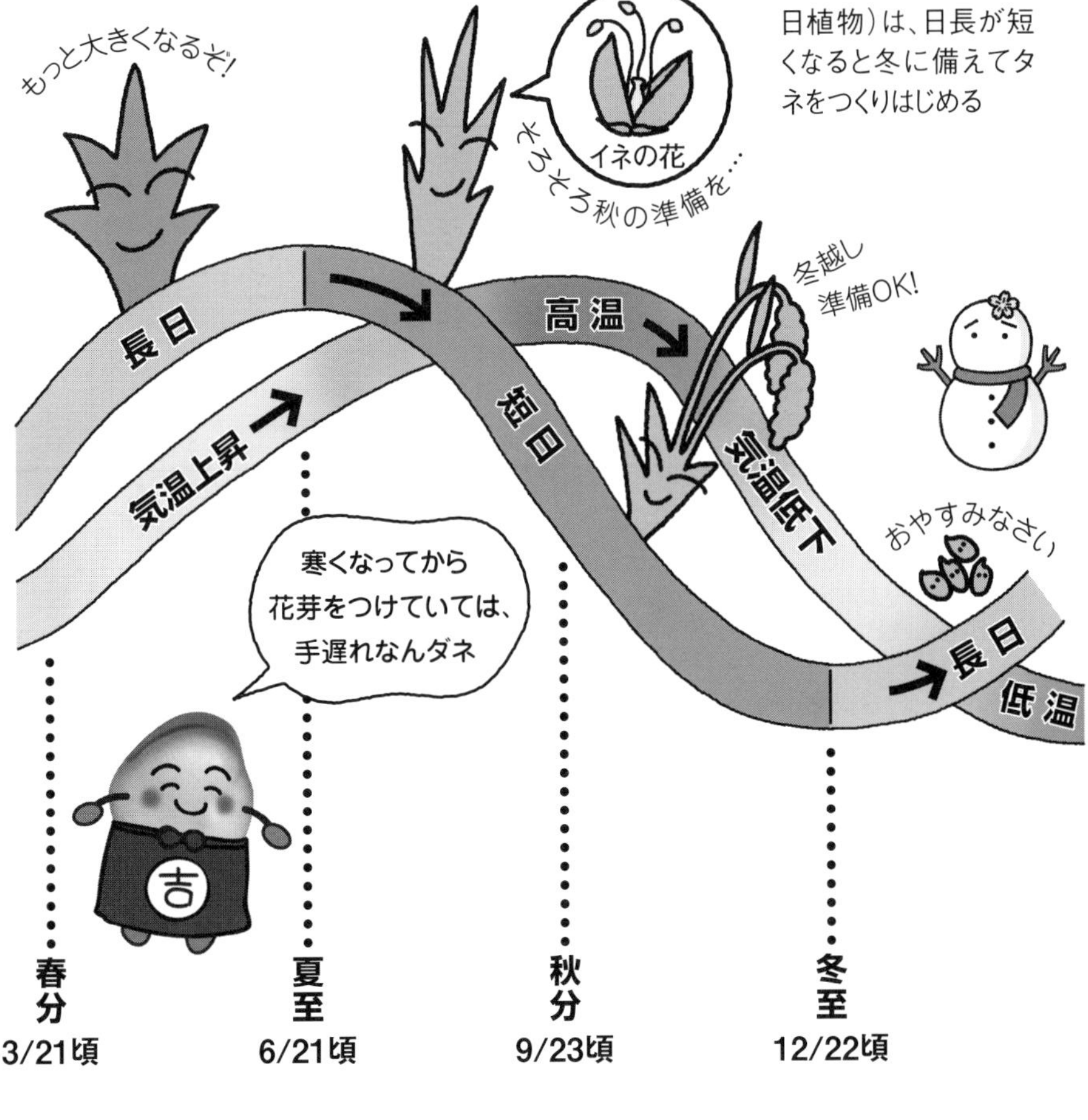

長日植物は北の出身

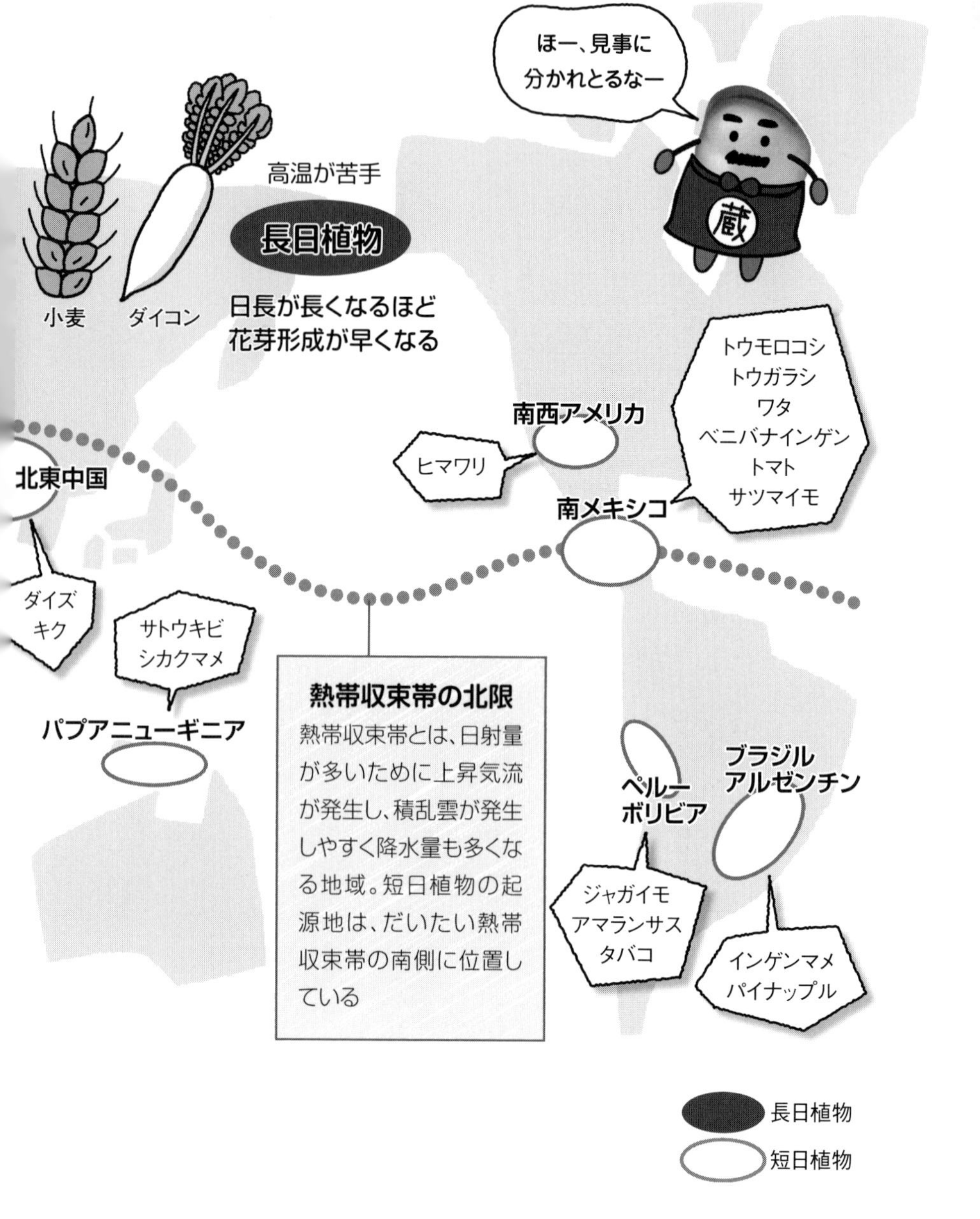

ほー、見事に
分かれとるなー
蔵
小麦
ダイコン
高温が苦手
長日植物
日長が長くなるほど
花芽形成が早くなる
トウモロコシ
トウガラシ
ワタ
ベニバナインゲン
トマト
サツマイモ
南西アメリカ
ヒマワリ
南メキシコ
北東中国
ダイズ
キク
サトウキビ
シカクマメ
パプアニューギニア
熱帯収束帯の北限
熱帯収束帯とは、日射量が多いために上昇気流が発生し、積乱雲が発生しやすく降水量も多くなる地域。短日植物の起源地は、だいたい熱帯収束帯の南側に位置している
ペルー
ボリビア
ジャガイモ
アマランサス
タバコ
ブラジル
アルゼンチン
インゲンマメ
パイナップル
長日植物
短日植物

短日植物は南の出身、

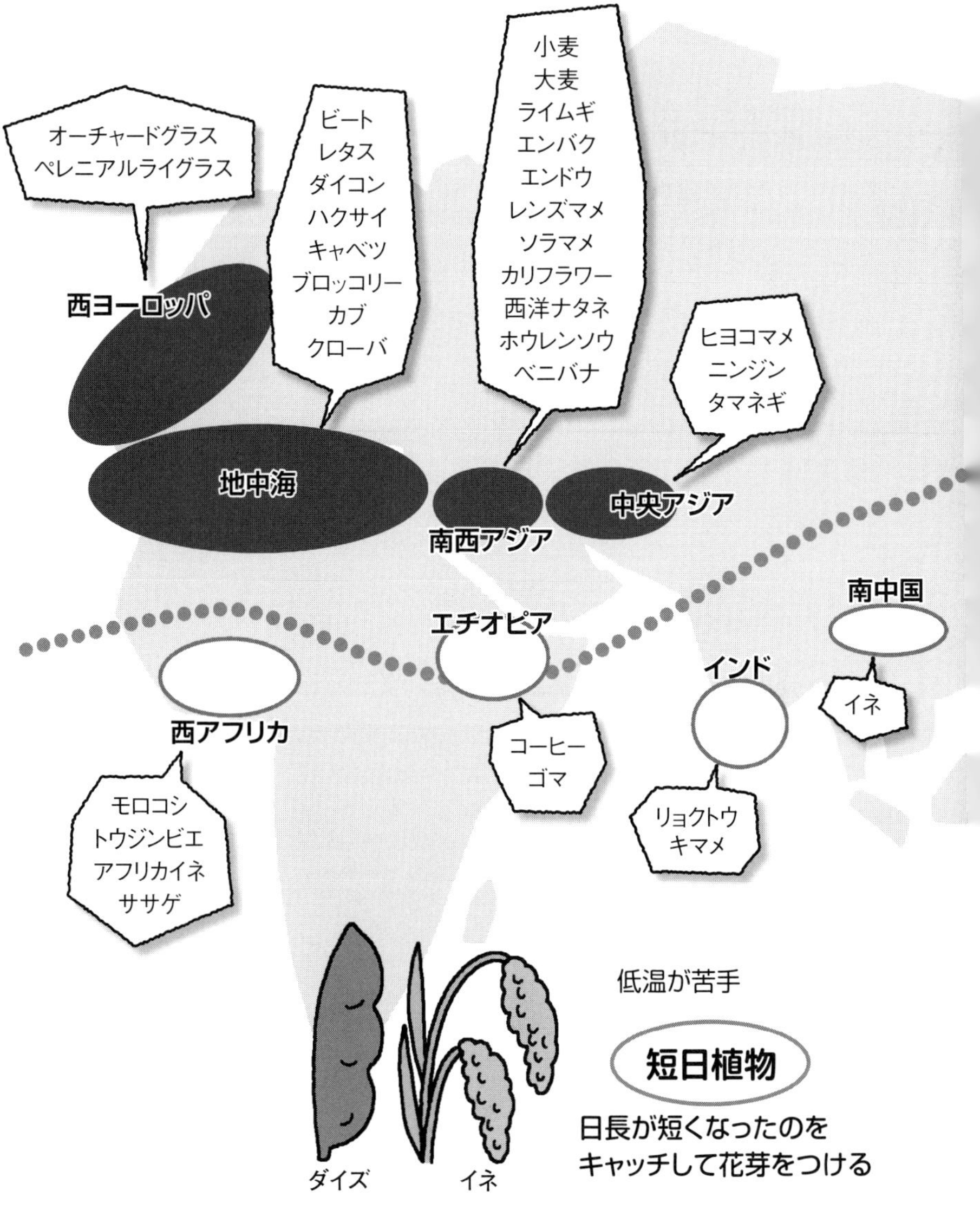
オーチャードグラス
ペレニアルライグラス
西ヨーロッパ
ビート
レタス
ダイコン
ハクサイ
キャベツ
ブロッコリー
カブ
クローバ
地中海
小麦
大麦
ライムギ
エンバク
エンドウ
レンズマメ
ソラマメ
カリフラワー
西洋ナタネ
ホウレンソウ
ベニバナ
南西アジア
ヒヨコマメ
ニンジン
タマネギ
中央アジア
南中国
イネ
エチオピア
コーヒー
ゴマ
インド
リョクトウ
キマメ
西アフリカ
モロコシ
トウジンビエ
アフリカイネ
ササゲ
低温が苦手
短日植物
日長が短くなったのを
キャッチして花芽をつける
ダイズ
イネ

短日植物

秋をいち早く感じて花を咲かせる

短日植物は南（低緯度地帯）の出身が多い。夏に気温が上昇して雨が多くなる地帯であり、植物はその間に茎や葉を茂らせ、低温が来る前に子実を稔らせる。

メキシコ高冷地の気候

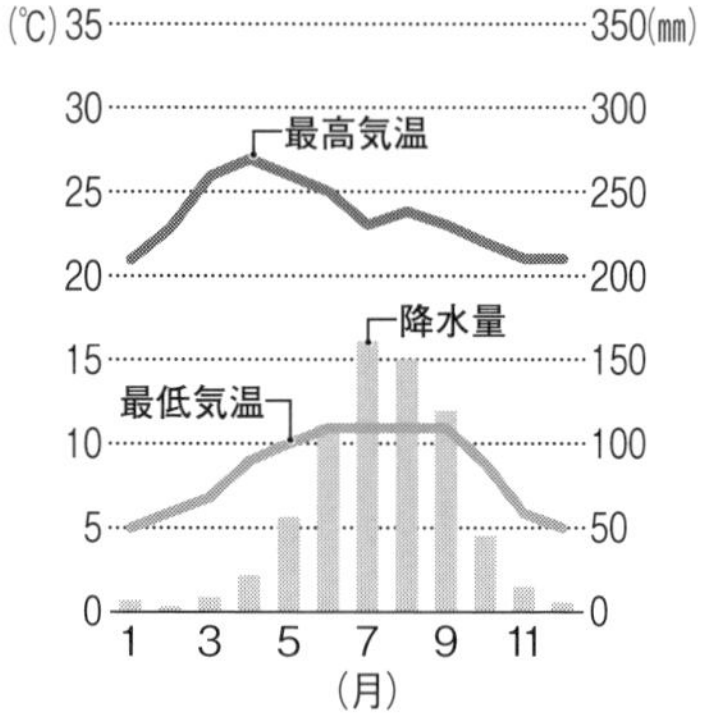

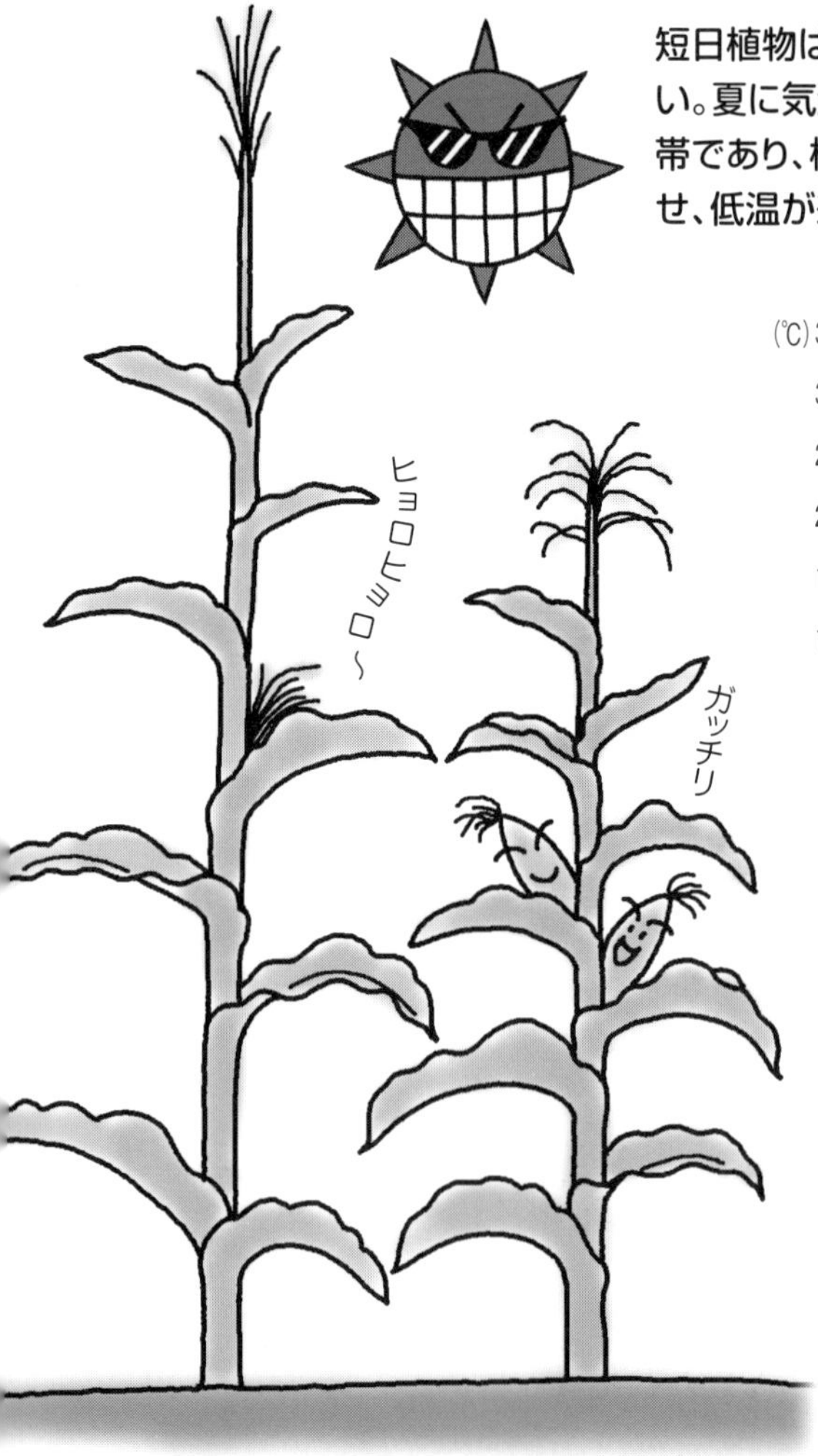

モチトウモロコシ
九州や四国の在来種。日長変化に敏感な晩生種で草丈が高い

スイートコーン
日長変化に鈍感な早生で草丈が短い

起源地のメキシコから各地に伝播したトウモロコシ。メキシコも含め、日本の四国・九州など低緯度地方出身の在来種は日長の影響を強く受けて短日性が強い。一方、高緯度地方出身の品種群から改良されたスイートコーンは日長の影響をほとんど受けず、感温性が高い

●ホントは短日でなく、長夜に反応

短日植物のキクは、夜間照明で暗期間を分断して開花調節を行なう。「短日」と呼ぶが、花芽分化の本当の要因は、日（明期）の短さではなく、夜（暗期）の長さ、それも連続した長さによる。深夜の照明で夜の長さを分断すれば、花芽分化を遅らせられる

●日長におかまいなしの果菜類

トマトなどのナス科野菜は南出身だが、日長に関係なく花芽分化する。栄養生長と生殖生長が同時に進み、つねにタネを残していくからだろうか？

ハウスなどで環境調節すれば周年栽培が可能となる（ウリ科の多くも同様）

環境次第で
何年でも伸びるよ

●短日性の葉菜類もある

葉菜類の多くは長日植物で夏の暑さに弱いが、なかには短日性の葉菜もある。シソ、ツルムラサキ、エンサイ（空芯菜）、モロヘイヤなどだ

長日植物

低温に強い 葉菜・根菜たち

長日植物は北（高緯度地帯）の出身が多い。アブラナ科野菜の起源地である地中海などは雨が冬に偏り、夏は乾燥して生長できないからだ。そのため低温に強く、高温に弱い植物が多い。

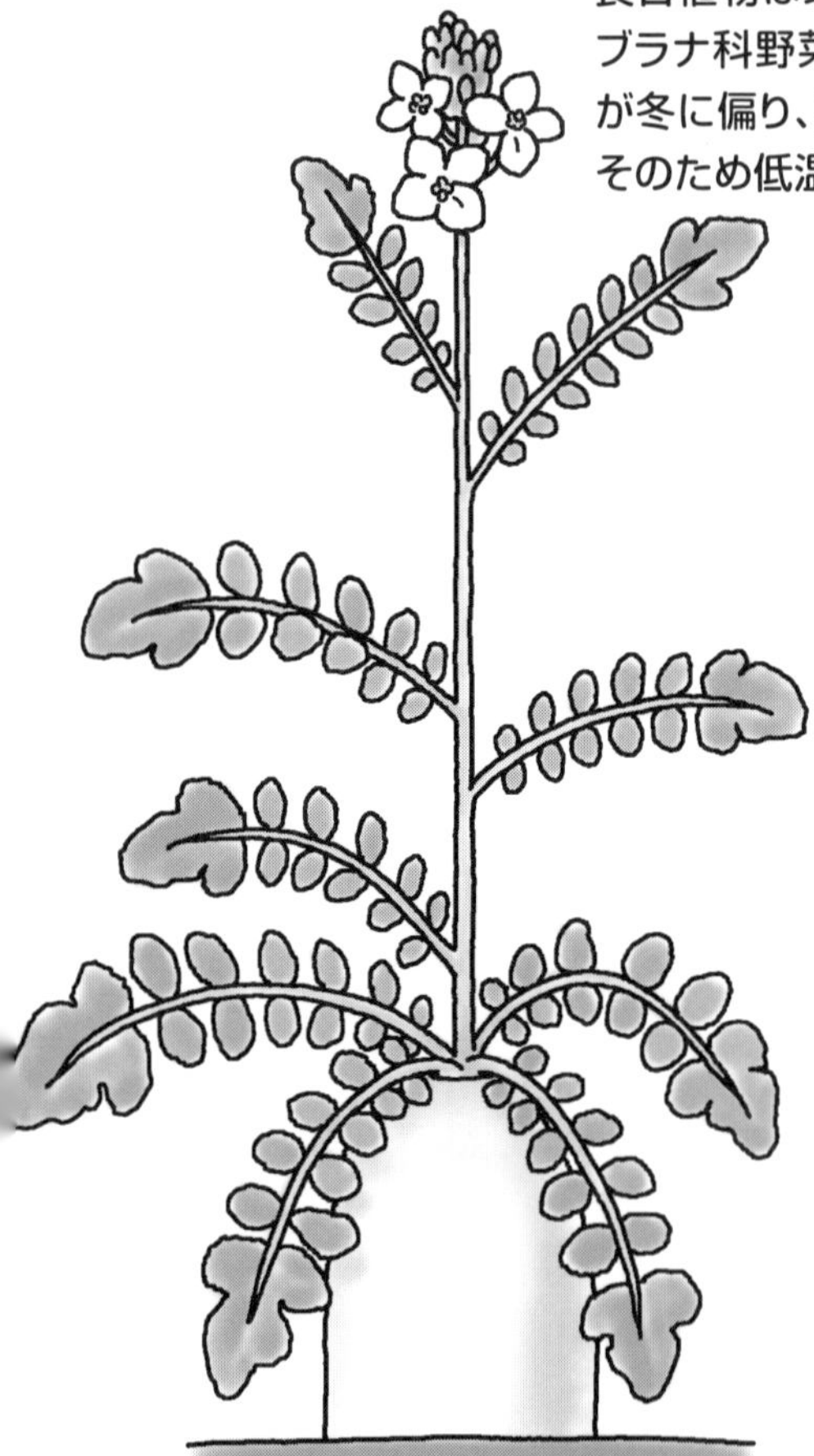

ダイコンやキャベツ、ハクサイなどの根菜や葉菜がトウ立ちすると、人間が食べる葉っぱの養分が消耗する。一般に花芽分化はなるべく避けたい現象だ

地中海沿岸（東部）の気候

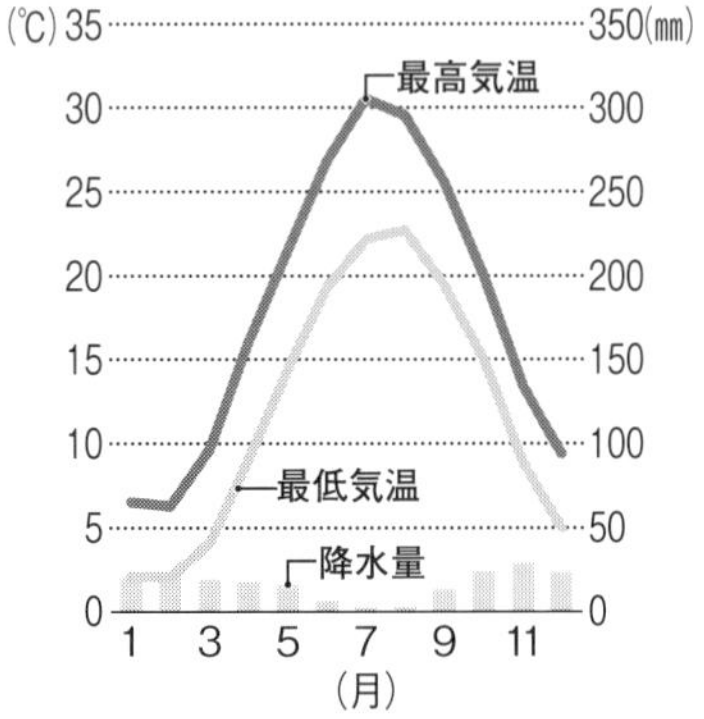

●花芽分化の条件は？

長日植物の多くは、「春化《しゅんか》（バーナリゼーション）」といって、まず一定量の低温（冬）にあってはじめて花芽を分化させる性質をもつ。その後に続く長日・高温（春）でトウ立ちして花を咲かせる。春化には2つの型がある（次ページ）

参考：『基礎からわかる！　野菜の作型と品種生態』（山川邦夫著、農文協）

種子春化型

タネが吸水して催芽したときから低温を感じてしまう植物
ハクサイ、ダイコン、カブ、ムギ、ソラマメなど

ガタガタ

春播き栽培では、タネ播きして芽が動き始めた直後に低温を感じ、花芽分化が起こってしまう。しかし、トンネル栽培をすれば日中の高温で夜間の低温が打ち消され、花芽分化しなくなる（脱春化）

吉
春播きにトンネルは
必須なんダネ

緑植物春化型

苗の頃は低温を感じない。一定の大きさになったら低温を感じて花芽をつくる植物
キャベツ、ブロッコリー、カリフラワー、タマネギ、ネギ、ニンジン、ゴボウ、イチゴなど

花芽をつくらず
冬越しできるよ
キャベ
キャベツ

茎の太さ6㎜くらいまでの幼苗は、寒さを感じない

春化が要らない、単なる長日植物もある

ホウレンソウ、レタス、シュンギク

低温にあたらずとも、長日や高温になれば花芽が出る

タネの流通の話

ホームセンター
にもいろんな
タネがあるんダネ
吉

Q ホームセンターなどに行くと安いタネがあるけど、あれってなに？

A 固定種のタネに無消毒のタネ、掘り出し物があるかもしれませんよ。

㈱アタリヤ農園・清水和利

家庭菜園用のタネ、国内流通量日本一

アタリヤ農園は全国のホームセンターやスーパーなどで、家庭菜園用のタネを委託販売（置きダネ）しています。タネが比較的安いこともあって、国内流通量でいえば日本一だと思います。扱っている品種（アイテム）数は1000以上。もちろん、海外展開する大手種苗メーカーと比べれば小さな会社ですが、創業95年、家庭用のタネ販売に関しては、新しいことに取り組んできた自負があります。

例えばその昔、品種名しか書いていなかったタネ

アタリヤのタネ袋

次郎丸ほうれん草：固定種のホウレンソウ。寒さに強くてトウ立ちがやや遅く、栽培がカンタン。葉が厚くて食味がいい。野口種苗やタキイなどでも販売している。種子消毒なし

ソロモン法蓮草：サカタが交配したホウレンソウ。暑さ寒さに強いホウレンソウで、べと病抵抗性も一応ある（R1、R3）。種子消毒あり

カネコが育成したエダマメ「湯あがり娘」の袋の裏。栽培手順が写真入りで紹介してあり、QRコードからより詳しい解説が見られる

ネオアース：タキイが交配したタマネギ。強勢で吸肥力が強く、つくりやすい中晩生。種子消毒なし

こがねにしき：カネコが交配したタマネギ。正式な品種名は「スワロー」で、袋の裏に書いてある。種子消毒なし

袋に作物の絵を入れたり、カラーの袋にしたり、写真印刷にしたり。いずれもかなり早くから取り組んできました。先代はよく自慢していましたよ。最近では、袋の裏にQRコードを載せて、インターネット上の栽培マニュアルを見られるようにしました。

今でこそこうした販売に特化していますが、以前は育種にも取り組んでいました。しかしいかんせん、大手が素晴らしい品種を出しますから……。㈱サカタのタネさんとは姉妹のような関係で、育種はサカタ、我々は得意な販売に特化しようということになったわけです。今はサカタに限らず、各種苗メーカーからいい品種のタネを仕入れています。

千葉県香取市に農場があって、採種は今も続けています。昔、タネというのは流通しにくいものでした。電車といっても今のように特急列車があるわけではないし、タネを冷やしたまま運ぶ技術もなかった。だからどこにでもタネ屋があって、それぞれ地元で採種していたものなんです。現在は国内での採種は減って、うちも各種苗メーカーと同じように、ほとんどのタネを海外の生産会社に委託して採っています（56ページ）。今は飛行機でどこでもあっという間ですからね。

アタリヤの「日本法蓮草」とサカタの「日本ほうれん草」。同じ187円（税込）だが、裏を見ると内容量はアタリヤ80mlとサカタ40ml。発芽率がアタリヤ75％に対してサカタ80％と違いがあるものの、ともに生産地はデンマークで、種子消毒なし。アタリヤの品種名は「ニューホープ」とあり、サカタのほうは記載なし（編集部調べ）

露地向きのうまい品種に特化

うちは大規模生産プロ農家向けのタネは販売していません。缶や大袋の営利用ではなく、すべて小袋の家庭菜園用。自前のタネの場合はコーティングやプライミング処理（24ページ）もしておらず、すべて生種《きだね》です。ところが近年は、農家のほうが多様化してきました。少量多品目で直売所に出荷する農家には、うちのタネも買ってもらっています。

品種についても家庭菜園向けなので、大手種苗メーカーとは違います。専業プロ農家向けの品種といえば、生育揃いや病害抵抗性、日持ちや収量性、硬くて流通に耐えることなどが重要ですよね。その点、うちのタネは露地栽培向きで、栽培した人が自分で食べてうまいもの、ハウスなどを使わないことが前提なので、温度変化に敏感な品種も困ります。これらの点も、直売所農家に合うんだと思います。

タネが安いのには理由がある

うちのタネは固定種が多いのも特徴です。F_1品種（60ページ）と比べて揃いが多少悪かったり、多収できなかったりしますが、露地で栽培できて、味がいいとれたてがおいしい品種が多い。タネも自分で採れます。

大手種苗メーカーの品種も扱っていますが、その中にはアタリヤでしか売っていない品種もあります。種苗メーカーは膨大な研究費をかけて優れたプロ用品種を育種するのですが、その過程でハウス向きでない、生育揃いがイマイチ、といった品種が生まれては消えていく。味がいいから家庭菜園には向くんだけど……。そういう品種を私たちは紹介してもらって、タネを仕入れて販売しているんです。タネ袋に○○交配とあって、裏にアルファベットや数

100円ショップのタネにも掘り出し物あり!?

100円ショップのダイソー（大創産業）のタネも、固定種が多いようだ。バリエーションが少なく、内容量もかなり少ないが、少量栽培する分には、掘り出し物があるかもしれない

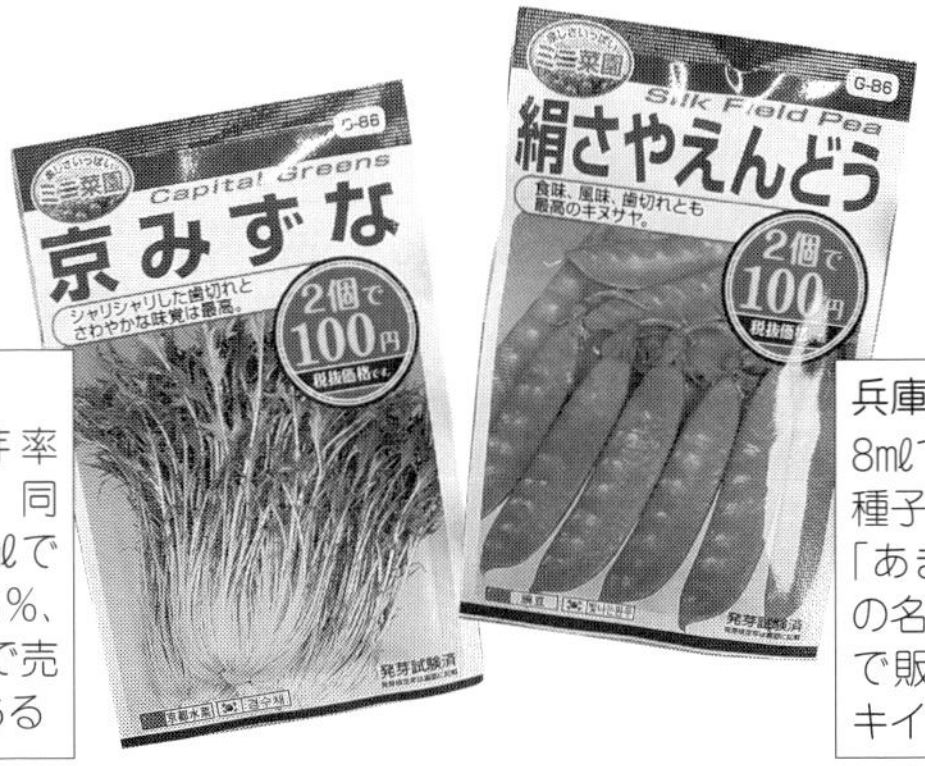

晩生千筋京水菜
5mℓで54円（発芽率85%で消毒なし）。同じ品種のタネを8mℓで約300円（発芽率85%、消毒の有無不明）で売っているところもある

兵庫絹さや
8mℓで54円（発芽率75%で種子消毒あり）。サカタでは「あまうま絹さやエンドウ」の名で30mℓを829円（税込）で販売（発芽率80%）。タキイ他でも販売あり

２袋で108円（税込）で販売しているタネ。
袋の裏に正しい品種名が書いてある

字（試行番号）が書いてあったら、そういう品種ということです。

　つまり、アタリヤのタネが比較的安いのは、すでにある固定種や、プロ用としては世に出なかった新品種のタネを仕入れているから。また、ロットがまとまっているので生産コストが安く、利益幅も比較的小さく抑えています。もちろん、発芽率は規定にのっとって試験して表示しているし、有効期限が切れたタネは返品してもらって、廃棄しています。

　ちなみに、必要ない種子消毒はなるべくしないようにしています。大規模栽培して病気が出れば責任問題ですが、家庭菜園向けですから。無農薬のタネが欲しい人にも重宝されると思います。

一袋50円のダイソー種子も歓迎

　最近、１００円ショップでもタネを売っています。競合他社といったところですが、私としては歓迎しています。アタリヤのタネを買っているのはおもに60代、次に70代と50代です。これからは若い人をいかに取り込んでいくか。１００円ショップでタネを買った若者が、他の品種もつくってみたいとホームセンターに足を運んでくれればいいですよね。（談）

Q タネはほとんど外国産って本当ですか？

A 90％以上が海外に委ねられている現状です。

西日本タネセンター㈱・内村清剛

タネを採る専用のハウスが並ぶ

西日本タネセンターは、国内では珍しい本格的な種子生産会社です。圃場は、福岡市の市街化調整区域にあります。多数の真新しいビニールハウスと、体育館のような大型の平屋建ての建物が目印です。

ハウスは花粉を運んでくる虫が入れない構造の網室になっています。ダイコン、ニンジン、ネギ、キュウリ、ナス、カボチャなど何十品種にも及ぶ種子の生産（採種）を行なっています。

室温15℃、湿度40％を保った備蓄用定温倉庫では、高品質な種子の選別調製、加工を行なっています。

種子の90％が海外産

日本では、育種（品種改良）は盛んに行なわれている一方、種子そのものの生産は、ほとんど国内で行なわれていません。全体の90％以上が海外に委ねられている特異な状況です（図）。

以前は国内でも種子が生産されていましたが、高齢化と後継者不足で、昭和50年頃より急激に衰退しました。採種のための栽培期間は早くて7～8カ月、長いものは2年程度かかり、人手がかかります。さらに国内では多くの作物の採種時期が梅雨に重なるため、発芽率など品質が低下する問題があります。

海外での種子生産が大幅に増えたのは、人件費を含むコストが低かったこと、気候の安定した地域を選択できることが大きな要因でした。

しかし近年、為替変動によるコスト増や、異常気象、環境汚染、紛争リスク等が年々増加し、種子の価格

西日本タネセンター㈱の採種ハウス

野菜のタネの輸入元国

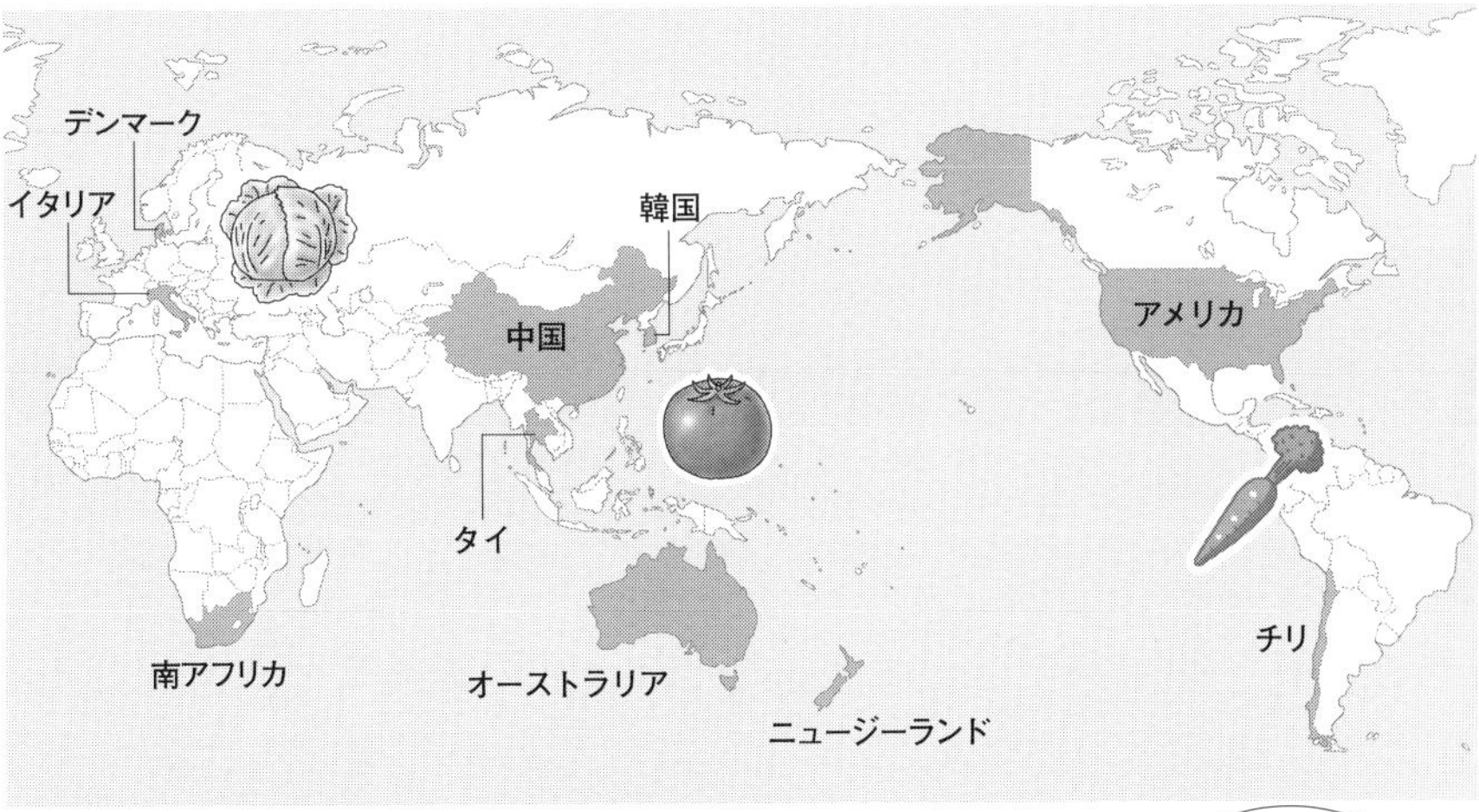

日本が野菜のタネを輸入しているおもな国。傾向としてはヨーロッパは葉菜、アメリカは根菜、東南アジアは果菜類が多い。財務省によると品目ごとの統計はダイコンだけあり、1位韓国、2位アメリカ、3位ニュージーランド。野菜ではなく穀物に分類されるがトウモロコシは、1位フランス、2位ニュージーランド、3位アメリカ（金額ベース）

野菜種子の輸入元国（2016 年）

順位	国名	輸入額
1	チリ	38億7229万円
2	アメリカ	24億6781万円
3	イタリア	15億3977万円
4	中国	14億1774万円
5	南アフリカ	8億7677万円
6	タイ	5億6624万円
7	韓国	4億7648万円
8	デンマーク	4億7458万円
9	ニュージーランド	4億5941万円
10	オーストラリア	4億4080万円

財務省「貿易統計」もとに作成

も上昇しています。海外採種のメリットは少なくなってきているのです。

進むタネの国産化

一方、海外の大手種苗メーカーは育種や採種で新たなビジネスチャンスを求める動きを加速させています。韓国などでは種苗産業を国家プロジェクトと位置付け、種子の国産化を後押ししています。

食料安保、国内農業の振興という

点でも国内で採種をすることは必要不可欠です。コストが多少かかってもやるという思いで準備を進め、弊社は中原採種場㈱の出資と国から支援を受け、2016年に設立されました。梅雨でも天候に左右されないハウスの中で種子を生産し、高品質な種子を安定的に供給しています。

タネづくりを伝承したい

日本はF_1種の育種技術だけでなく、採種技術も世界トップクラスです。弊社でつくったタネは、価格は海外産より2～3割上がりますが、95%以上の高い発芽率を誇り、国内外の種苗販売会社やJA、農業法人等に供給され、賞賛の報告をたくさんいただいております。

当初は4ha、10人体制でのスタートでしたが、2020年までに20ha、30～40人体制に拡大し、45～50tの種子を生産する計画です。2017年は約12t、市場価格約8億円分の種子を生産しました。

今後は、地元農家に採種委託や生産指導を行ない、農地の有効活用、生産者の育成と所得向上、採種技術の伝承にも貢献していきたいと思います。

採種はニッチな分野ですが、農業における日本の誇るべき「ものづくり」で、高付加価値・高収入が期待できる有望な産業です。地域振興と農業の生き残りを両立させる拠点にしていきたいと考えています。

Q タネに異常があっても種子代しか返金されない？

A 被害額を賠償請求したケースもありますよ。

㈱ウエルシード・小林国夫

タネの選別調製、加工などを行なう倉庫

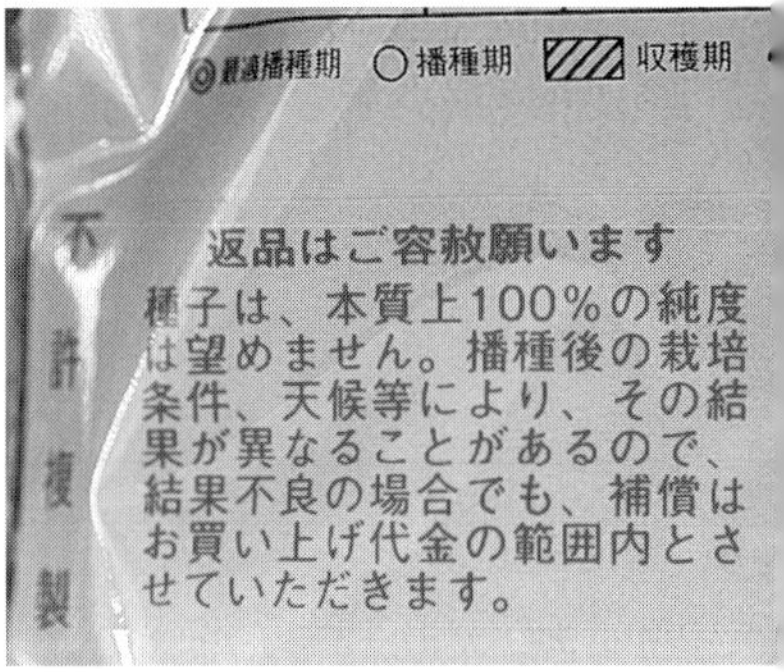
◎最適播種期 ○播種期 ▨収穫期
不許複製
返品はご容赦願います
種子は、本質上100%の純度は望めません。播種後の栽培条件、天候等により、その結果が異なることがあるので、結果不良の場合でも、補償はお買い上げ代金の範囲内とさせていただきます。
多くのタネ袋に小さく記載されている一文

芽が出ないというクレームがたまにあります。でもうちの場合、本当にタネに問題があったということはありません。見に行くと、耕し方が悪かったり、水分過多でタネが酸欠状態だったりというケースがほとんど。タネの発芽率は、最後は播種技術によって決まるんですよね。

ただし、ウイルスに侵されたタネが出回った事例も実際にあります。この時はそのタネを買った農家はみんな全滅で、被害額を種苗メーカーが賠償したそうです。

タネ袋にはだいたい「種子の性質上、結果不良については購入金額の範囲内とさせていただきます」という一文がありますが、本当におかしなタネがあって、原因が明らかになった場合は、ちゃんと賠償請求できるわけです。

（談）

A 違う品種が混ざってたから、タネ代を返してもらいつつ、収穫物もちゃんと売ったよ。

大阪・岡田 正

以前、タネ屋から買った野菜のタネに、違う品種のタネが混じっていたことがあるんよ。赤い花が咲く品種のはずなのに、1割くらい白い花が混じっとった。タネ屋に訴えたら種苗メーカーの人が畑を確認しに来て、結局、そのタネを買った地域の50軒くらいにタネ代と「お気持ち」を置いていった。

聞けば、前年のタネが売れ残ったから新ダネに混ぜてんけど、誤って違う品種に入れてしもたらしいねん。種苗メーカーも古ダネ使ってるっちゅうこと。発芽率さえ落ちてなきゃええんやから。

その白い花が咲いた品種やけど、収穫物を食べてみたら、こっちもけっこううまいねん。せやからうちらは、それはそれで、ちゃんと品種名をつけて道の駅で売ったんよ。よう売れたなー。

（談）

F_1と固定種の話

Q 「○○交配」ってなんのこと？「○○育成」となにが違うの？

A 「○○交配」は交配種（F_1《エフワン》品種）のこと。「○○育成」は固定種のこと。

ほとんどの野菜の品種は交配種

「交配種」とは、異なる品種を掛け合わせた雑種のことで、「F_1品種」と考えていい。例えばタネ袋に「タキイ交配」と書いてあったら、それはタキイ種苗オリジナルのF_1品種で、「一代交配」とあれば、他社（海外の種苗メーカーを含む）から仕入れたF_1品種のことだ。

F_1とは、雑種第一世代（first filial generation）という意味。遺伝的に純系の系統2種を交配させると、両親どちらかの優れた形質が次の世代にも揃って現われる。さらに、両親の平均よりも優れた能力が発現する「雑種強勢」という現象も起こる。例えば、草丈が大きくなる、病害抵抗性が増す、環境適応性が増す、収量が増えるなど。

雑種強勢の特性と、揃いのよさ、複数の優れた形質を付与できる、短期間で育種できるなどのメリットから、現在では主要野菜の実用品種のほとんどがF_1品種だ。

固定種は、じつはややバラつきがある

一方、「サカタ育成」などと書いてあれば、それはサカタのタネが選抜してきた「固定種」だ。キク科やマメ科野菜はほとんどが固定種である。

固定種は、選抜を繰り返して一定の性質がある程度揃って現われるようになった品種のこと。だが、すべての性質がまるっきり同一に固定されているわけではない。というのも、他家受粉する植物を繰り返し自家受粉させるなどして近親交配が進むと、自殖弱勢といって遺伝的に弱い性質（生育が弱い、種子量が少ないなど）が出てしまうことがある。そのため、現在の固定種は、実用的に支障がない程度のバラつき（雑種性）をもたせて育成されている。

固定種はF_1に比べると、発芽や生長、収穫時期などがバラつきやすいが、直売農家や家庭菜園のずらし収穫には、そのバラつきこそがいいともいえる。

F_1品種と固定種
――それぞれの特徴

F_1品種	・生育が揃うので一斉収穫に向く ・耐病性品種が多く、特定の病気を避けられる ・クセがなく、食べやすい味が多い ・採ったタネを営利栽培に用いるのは難しい
固定種	・生育が揃わないことがある ・在来種なら、多くは地域の環境に合っている ・野菜本来の味が濃く残っていることが多い ・自家採種が容易。自分好みの選抜育種も容易

味については、固定種と交配種のどちらがいいとは一概にいえない。交配種にも食味に特化して育種した品種もあるからだ。

ちなみに「在来種」とは、各地域の農家が有用な性質の個体を発見し、それを何世代にもわたって選抜・維持してきた品種のこと。その土地の風土や栽培方法に適応しており、「地方野菜」などとも呼ばれる。一般的な固定種よりもバラつきが大きく、「○○品種群」と呼んだほうがよさそうな在来種もある。また、県の試験場や大学などによって改良さ

F_1品種のしくみ

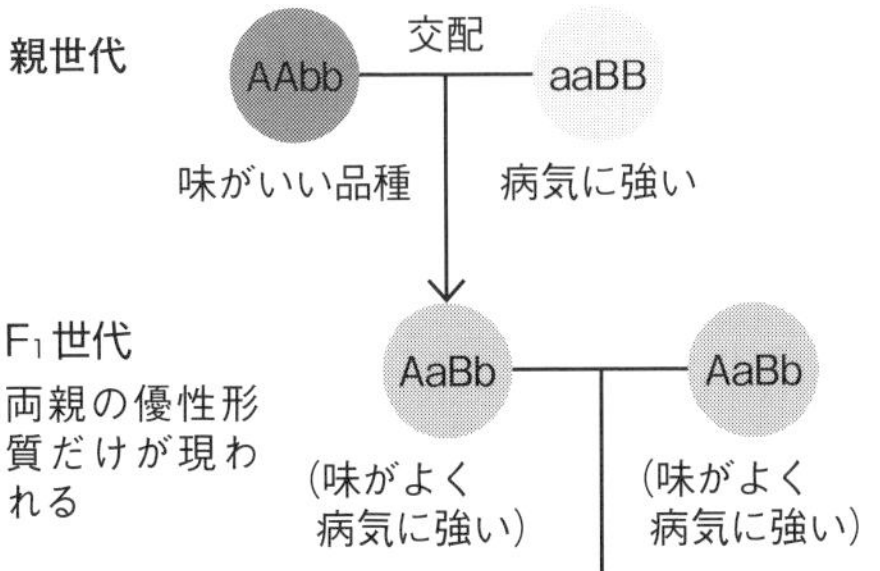

F_2世代
味がよく病気に強いのは半分くらい

AABB	AABb	AaBB	AaBb
AABb	AAbb	AaBa	Aabb
AaBB	AaBb	aaBB	aaBb
AaBb	Aabb	aaBb	aabb

※持たせたい品種特性が２つだけの場合

れ、F_1品種になった在来種もあるという。

タネを採るなら固定種がおすすめ

多くのF_1品種からもタネは採れる。しかし、そのタネから育った次世代は形質が大きくバラつく。また、F_1世代に出なかった、その両親の弱点（劣性形質）も現われてしまう。そもそも、アブラナ科の野菜やニンジン、タマネギやネギなどでは、採種できない場合もある（66ページ）。

その点、固定種のタネなら性質がある程度揃う。また、固定種にはそれなりに多様な遺伝子が残されているので、自分の畑で栽培し選抜を繰り返すことで、例えば無肥料栽培でも強く生育するものなど、自分の栽培方法に合う品種に改良していくことも可能だ。逆にいえば、固定種なら必ず有機栽培に向くとは限らない。有機栽培で選抜・採種していって、初めて有機栽培に向くタネが採れるということだ。

Q 自家採種したタネを売ってもいいの？

A 品種登録されているタネはダメ。でも、自分で栽培するならOK。

タネ採りは農家の権利だ。育成者権で保護された「登録品種」についても、農家に限っては、自家増殖して自分の栽培に利用することが認められている（一部、栄養繁殖性の植物を除く）。また、新品種育成のための増殖も許されている。ただし、品種登録されているものからタネを採って、他人に譲ったり売ったりするのはダメ。F_1でも固定種でもダメ。

種苗業界の働きかけによってなのか、今、農家の自家増殖の制限を強化する動きがある。タネを交換したりする前に、登録の有無を確かめたい。農水省の知的財産課（TEL０３－３５０２－８１１１）で確認できるほか、同「品種登録ホームページ」で簡単に検索できる。

編

固定種の買い取り販売をスタート

㈱グリーンフィールドプロジェクト 松崎 英

「有機種子」を扱うタネ屋

私たちグリーンフィールドプロジェクト（神奈川県）は「有機のタネ」を日本で取り扱う珍しい会社です。持続可能な農業を有機農業で目指すならば、種子の生産から環境配慮にこだわりたい、という想いから有機種子の販売をスタートしました。

日本で「有機」と名乗って青果物を販売するためには、有機ＪＡＳ認定を受けなくてはいけません。しかし、「種子」は現在、国内では有機ＪＡＳ認定の対象にはなっていません。そこで、弊社は主にヨーロッパ有機認証を取得した有機種子を輸入して販売しています。

「国産の固定種のタネが欲しい」

販売開始からしばらくして、「国産の種子はないの?」「国産の固定種のほうが自然栽培に適するんだけど」といった声をいただくようになりました。現況を調べてみると、日本での種子生産率はわずか10％台、ほとんどが海外産です。そして育種技術はF_1種が席巻、さらには遺伝子組み換え種子が国際的に普及し始め、遺伝情報が一部の国際的な大企業に囲い込まれ、生産者の育種や種子に対する権利問題が深刻化しつつあります。

このままでは大規模農業向けの偏った品種の育種が広がり、植物本来の適地適作の下に育種される多様性ある遺伝情報が減少してしまいます。これは将来、天災や戦争が起きたとき、人類にとって大きなリスクになると考えられます。

そこで、弊社では、多様性に富む種子を国内で存続させる環境づくりに貢献できないかと考え、セーブ・ザ・シード（ＳＡＶＥ ＴＨＥ ＳＥＥＤ）プロジェクトを立ち上げました。

独自基準で種子の買い取りを開始

国内の採種農家から納得いただける価格で種子を買い取り、弊社が持つ販路へ販売することで、農業生産の選択肢として「採種」を考えてもらえるようにと始めたプロジェクトです。登録品種を除く固定種や在来種などの自家採種した種子の販売が拡がれば、種子の生産が拡がり、ひいては種子の多様性の存続にもつながるのではないかと考えています。

同プロジェクトでは、種子の品質を保つため、弊社独自の基準を設けています。

①有機ＪＡＳ法に準じた無化学肥料・無化学農薬で栽培されている。②採種後に種子を化学農薬で消毒していない。③遺伝子組み換えでない。④種苗法の基準発芽率と同等レベルの発芽率である。⑤栽培した青果の形質が安定している。⑥今後も安定供給が見込める等。

現在、約10品種で種子の買い取りと販売を開始しております。今後はより多くの生産者や育種家の方々とつながり、販売品種を増やしていきたいと考えています。

F_1品種は花粉ができないという噂を聞きました。また、生殖能力のないF_1の野菜ばかり食べると、精子が減るって聞いたけど、本当？

そんなことはありません。「雄性《ゆうせい》不《ふ》稔性《ねんせい》」は作物がもともと持っている性質の一つですから。

長野・石綿 薫

食べたものの遺伝子は人間に影響しない

そうした噂があることは知っています。「F_1品種の多くが雄性不稔という花粉ができない異常な性質を持ち、タネが採れない。子孫を残せないF_1作物ばかりを食べている人間も、精子が減ってしまう、子供ができなくなってしまう」。そんな噂です。

しかし、そんなことはありません。まず、植物の花粉ができる過程と人間の精子ができる過程はまったく別物。同一視するのは間違いです。また、食べたものの遺伝子が人間の遺伝子に紛れ込んで、機能するということは、言ってみれば「魚を食べたらウロコが生える」「鳥を食べたら羽が生える」というのと同じことです。

いや、この世に絶対ということはないかもしれません。しかしそれはもう、「ある日突然月が消えた」というくらいの確率といっていいのではないでしょうか。つまり、起こりえないということです。

雄性不稔は進化の過程で備わった性質

そもそも「雄性不稔」は異常ではなく、作物がもともと持つ多くの性質の一つです。受粉・受精して種子ができる性質を「稔性《ねんせい》」といいますが、雄性不稔性は雄しべに花粉ができないか、できても受精能力を持たない性質のこと。ニンジンやタマネギ、ネギ、ダイコンなどの一部が自分で獲得した性質です。

雄しべの花粉が雌しべの柱頭に付着するのが受粉ですが、作物が受粉する仕組みには大きく分けて「自家受粉《じかじゅふん》」と「他家受粉」があります。自家受粉は、同じ株の花の間で受粉が起きること、他家受粉は違う株の花粉で受粉することです。だいたいの作物は自家受粉も他家受粉もしますが、イネやインゲンのように、ほとんど他家受粉しないものもあります。

他家受粉する作物の中には、アブラナ科やセリ科野菜など、自家受粉や遺伝的に近い株の間だけで受粉すると、小型化したり、弱く生育するようになってしまうものがあります（自殖弱勢）。おもにこうした作物が、雄性不稔や「自家不和合性《じかふわごうせい》」という自分の花粉では受精しない性質を、偶然、得てきたわけです。多様にあるこうした作物の性質の一つを取り上げて、「異常」ということはできないと思います。

作物が持つ性質を採種に利用

一方、F_1品種のタネを採るには、別の品種の花粉が紛れ込んだり、片親だけで自家受粉してもらっては困ります。確実に狙った両親の間で受粉させないといけないのです。

その方法にはいろいろありますが、自家受粉しや

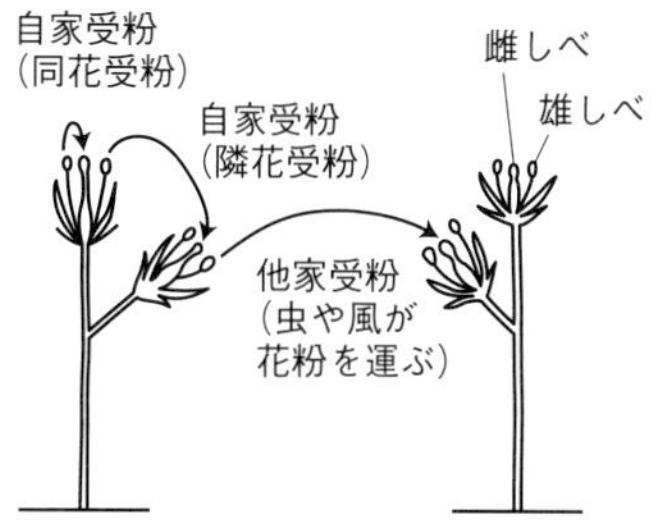

- だいたいの作物は自家受粉も他家受粉もする
- 自家受粉をすると弱る作物もある（アブラナ科など）
- 自家受粉しても受精しない（タネができない）のが「自家不和合性」
- 雄しべに花粉ができない（できても受精能力がない）のが「雄性不稔」

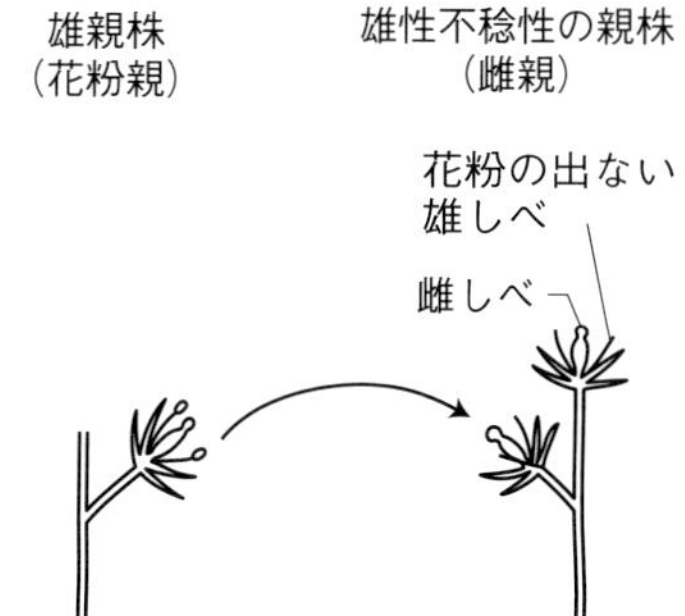

自家受粉せず、確実に他家受粉する
雄しべを除く手間もいらない

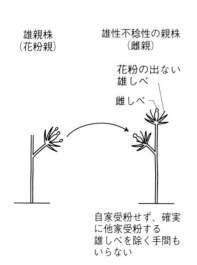

すいトマトやナスなどでは、「除雄《じょゆう》」といって、自家受粉する前に蕾を開き、ピンセットで雄しべを除去して、他の品種と人工受粉させます。

そして他家受粉しやすいニンジンやタマネギ、アブラナ科作物で利用されているのが、雄性不稔性や自家不和合性といった性質なのです（雄性不稔のほうが確実）。雄性不稔個体を親（雌株）にすれば、雄しべに花粉ができないので（できても受精能力がない）、面倒な除雄の手間が省けるというわけです。

アブラナ科では、鹿児島県の野生ダイコンや宮城県の在来種「小瀬菜《こせな》大根」というダイコンから見つかった雄性不稔の性質（オグラ型・コセナ型雄性不稔）が利用されています。例えば小瀬菜大根（A）を雌親として、親にしたい系統Bの花粉を掛け合わせると、できた子に高い確率で雄性不稔個体が出現します。その個体に再びBを交配（戻し交配）し、さらに戻し交配を数世代続けると、雄性不稔性を持ちつつその他の性質はほとんどBという系統Aができます。この雌親系統Aに系統Cの雄親を掛け合わせることで、確実にF_1採種ができるわけです。ただし、系統Aは花粉ができないので、常に系統Bを隣に少し植えてタネを維持する必要があります。

無花粉のニンジンが示すタネの未来

除雄による人工受粉や自家不和合性を利用して採種しているF_1品種からは、子世代の形質はバラつくものの、タネ自体は採れます。一方、雄性不稔性を利用して採種したニンジンやダイコン、ネギなどでは、F_1品種自体が雄性不稔になる場合と、普通に花粉が採れる場合とがあります。

そこには、花粉の稔性を回復する核遺伝子「稔性回復遺伝子（Rf遺伝子）」が深く関わっています。雄性不稔遺伝子を不活化して、花粉を正常に発育させる遺伝子です。雄性不稔を利用してタネを採ったF_1品種でも、雄親Cが稔性回復遺伝子を持っていれば、花粉が出るわけです。

ところが以前、6月中旬播きのニンジンを育種しようと思って、病気に強く味もよい「ベーターリッチ」（サカタ）を素材にと検討したのですが、花粉が出ないので外しました。どうやらこの品種は、雄親からも稔性回復遺伝子を抜いているようなのです。

雌親（AやB）に稔性回復遺伝子が紛れ込んでいては、自家受粉してしまうことがあるので困ります。しかし、雄親（C）からも稔性回復遺伝子をわざわざ抜いて「花粉を出さない品種」にしたのであれば、それは、他人にその品種を育種素材として絶対に使わせない、渡さないということを意味します。最近はどうも、こうした品種が増えているようです。

育種家たちは従来、自分の品種だけでなく、ライバルたちの品種を育種素材として利用し合ってきたはず。大手種苗メーカーも他メーカーの遺伝資源を利用してきたはずです。そのおかげで、似たような品種ばかり出るという弊害もあるのですが、遺伝資源は本来、誰かが独占していい物ではないはずです。育種素材を囲い込むということは、育種家の間を渡り歩いてきた遺伝資源の流れを途絶えさせることです。

大手種苗メーカーは今後、農業・農家を支配しようとするモンサントなどと同じ土俵に上がって競争していくつもりなのでしょうか。それよりも、常に種苗の世界に新風を吹き込み、農家の支持を集める会社であってほしい。遺伝資源はどうぞ使ってください。うちはもっといい品種をつくりますから――遺伝資源を扱う種苗メーカーには、そういう懐の深さが必要なのではないでしょうか。（談）

元自然農法国際研究開発センターの石綿薫さん。2015年に長野県松本市で新規就農し、奥さんと2人で、自分が育種したトマトやカボチャを栽培する。農園の名はHappy Village Farm（ハッピービレッジファーム）。手に持っているのはオリジナル品種の「水神（すいじん）三浦大根」。漬物によし、ふろふき大根やおでんによし。大根おろしにすると、辛みと甘みが絶妙。そして、刺身のつまにしてもウマイ。一般的な三浦ダイコンが収穫までに90日かかるところ約75日で収穫でき、抜きやすいのも特徴

いろいろ選べる　タネのインターネット通販サイト情報

種苗メーカーのホームページでは、各社が自社の品種を紹介・販売しているが、卸や種苗店もそれぞれのこだわりでタネを仕入れて、ネットで販売している。その中から、特色ある通販サイトの一部を紹介。

会社名	URLと所在地	特徴
日光種苗	〒321-0905 栃木県宇都宮市平出工業団地33 http://nikkoseed.com/	F_1から国内外の伝統野菜まで取り扱う。珍しい品種が得意。メーカー別に品種を探せるのが便利
たねの森	〒350-1252 埼玉県日高市清流117 http://www.tanenomori.org/	無農薬・無化学肥料で栽培・採種された固定種の専門店（種子消毒なし）。バイオダイナミック農法で栽培されたタネも扱う
野口のタネ	〒357-0067 埼玉県飯能市小瀬戸192-1 http://noguchiseed.com/hanbai/	おもに日本各地の伝統野菜、固定種を多数取り扱う。国内採種のタネが多い。無肥料栽培のタネも
ナチュラルハーベスト	〒160-0023 東京都新宿区西新宿4-14-7 新宿パークサイド永谷906 http://natural-harvest.ocnk.net/	ヨーロッパ伝統野菜、ハーブ、花のタネをイタリア、フランスから輸入し販売。注目の野菜を特集し、栽培のコツ、品種の選び方、食べ方などを詳しく解説
グリーンマーケット	〒243-0813 神奈川県厚木市妻田東3-10-13 http://shop.gfp-japan.com/	オーガニック種子専門。野菜、ハーブ、スプラウトなど。日本産のオーガニック種子（固定種）も取り扱う。運営者は㈱グリーンフィールドプロジェクト（63ページ）
高木農園	〒390-0841 長野県松本市渚2丁目3-22 http://takaginouen.com/	各メーカーのタネはもちろん、国内外の固定種や珍しい品種、国内採種のタネ、耐寒性の強い長野の在来種など豊富に取り扱う
信州山峡採種場	〒381-2411 長野県長野市信州新町竹房97-1 https://www.sankyoseed.co.jp/	家庭菜園向けに一袋100円の極小ロットでも販売。自ら採種したタネをメインに、全国から独自に選んだおいしい品種を厳選して紹介している
エアルーム・トマト・ファーム	〒503-1624 岐阜県大垣市上石津町三ツ里24-82 http://www.heirloom-tomato-farm.com/	世界の野菜のエアルーム品種（固定種）を幅広く取り扱う。とくにトマトの品揃えが圧巻
e-種や（三重興農社）	〒510-0874 三重県四日市市河原田町1007-11 https://www.e-taneya.com/	ダイコン120種、キャベツ400種など、国内外メーカーから仕入れる膨大な種類のタネを販売。タネのコート加工、シーダーテープ加工も行なう
藤田種子	〒669-1357 兵庫県三田市東本庄1921-5 https://www.fujitaseed.co.jp/	西洋野菜、ハーブなど、世界の珍しい野菜のタネが豊富に揃う
太田種苗	〒523-0063 滋賀県近江八幡市十王町336 http://www.otaseed.co.jp/	家庭菜園用からプロ用まで、野菜のタネ1200種以上の品揃え
市川種苗店	〒857-0134 長崎県佐世保市瀬戸興4丁目8-5 https://www.i-seed.jp/	全品種に店主独自の魅力や特長の解説あり。おすすめ品種セレクトも。栽培のコツを記したオリジナルパッケージで販売
松尾農園	〒859-4501 長崎県松浦市志佐町浦免1252 https://www.matsuonouen.net/	店主自ら育てて食べた経験を元に、独自のコメントで各品種の特長を紹介。品目ごとに、播種時期、おいしさ、育てやすさ、色などで品種を分類していて選びやすい。F_1から国内外の固定種まで

第2章

図解でわかる野菜のルーツと品種の話

キャベツのルーツと体の秘密

ルーツはケール

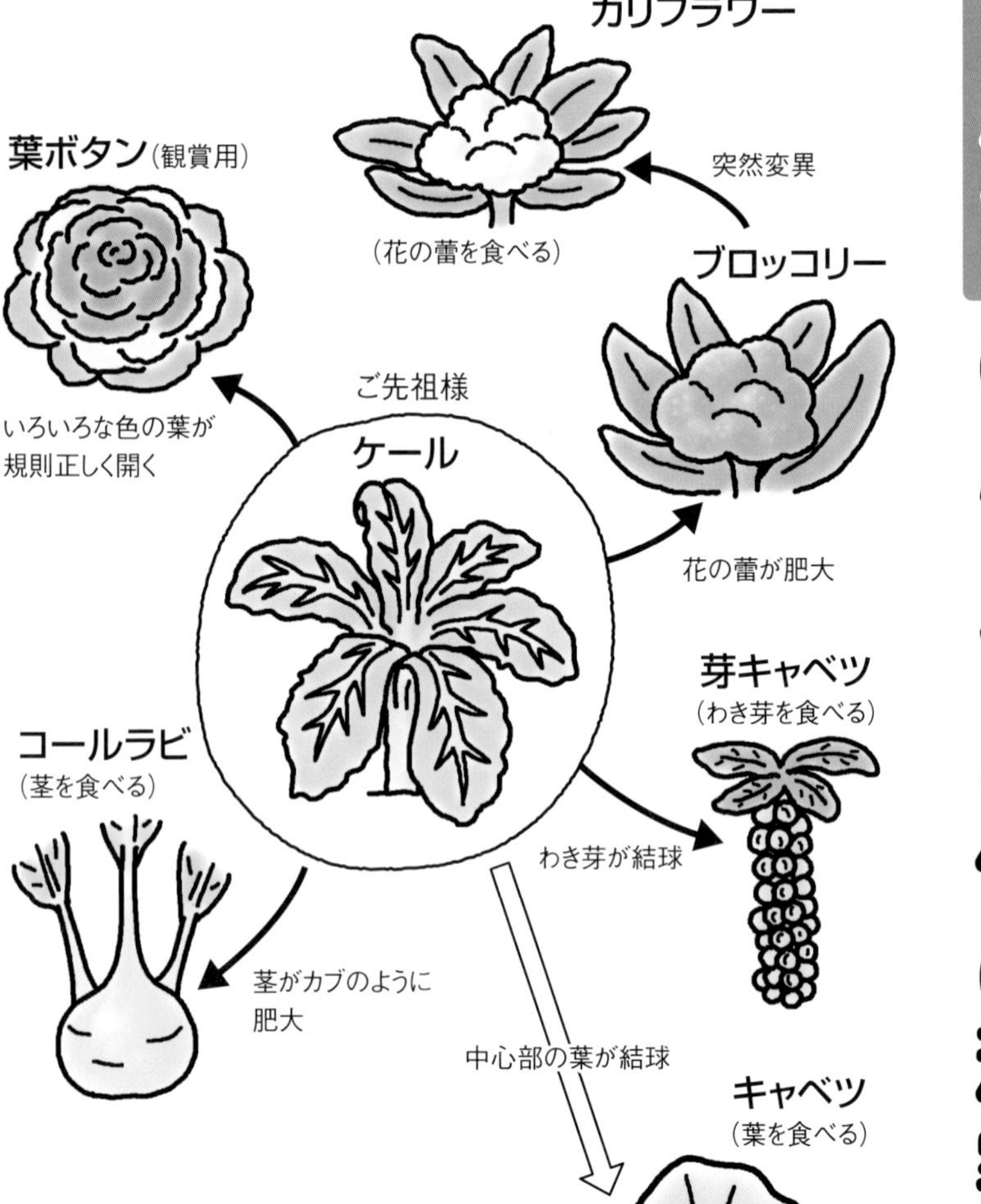

地中海沿岸から中近東にかけて生えていた野生のケールがキャベツのルーツ。その後、長い時を経て、ケールからさまざまな野菜が分化してきた。キャベツはおよそ1000年前に誕生。ブロッコリーも葉ボタンもコールラビも、みなキャベツの親戚

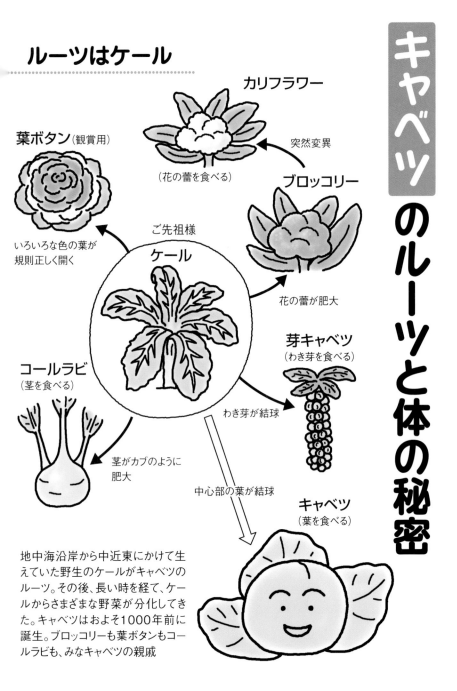

葉はなぜ巻く？

冬野菜のキャベツは、寒さから身を守るために茎を伸ばさず、葉が地面に張りつくように出る（ロゼット化）。短い茎から新しい葉が次々に出ると、新しい葉は横に広がれず、立ち上がってくる（結球開始。おおよそ本葉17〜20枚の頃）。立ち上がった葉は外側に太陽の光が当たるので、内側より外側がよく生長し、葉が内側に丸まっていく。それを繰り返すことで中心部が玉になる

抽台するのはなぜ？

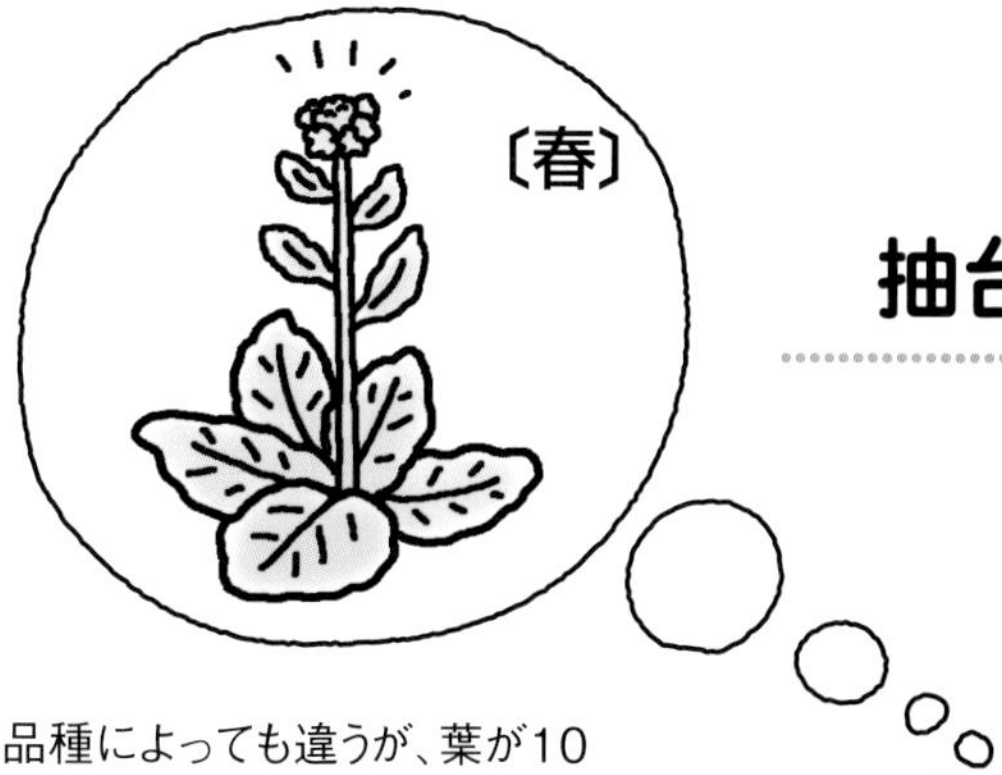

品種によっても違うが、葉が10〜15枚以上（茎が6㎜以上）に育った後、10℃以下の低温に1カ月以上遭うと花芽が形成される。その後、温度が上がってくると抽台して花が咲く。同じ品種の場合、株が大きいほうが低温を感じやすい。抽台すると裂球したりするので品質は極端に低下する

寒玉系、春系、グリーンボール系ってなに?

寒玉系

葉が厚く、巻きが硬い。形は扁平。加熱料理や業務加工用に向く

春系

サワー系とも呼ばれ、葉がみずみずしく軟らかで、巻きがゆるい。サラダなどの生食用に向く

グリーンボール系

小ぶりのボール形で、葉の中まで緑色を帯び、肉厚のわりに軟らかい。サラダや漬け物に向く

※これらはおもに外観からの分類。最近はどちらともいえない中間タイプの品種も多くなってきた

玉が割れにくい品種とは?

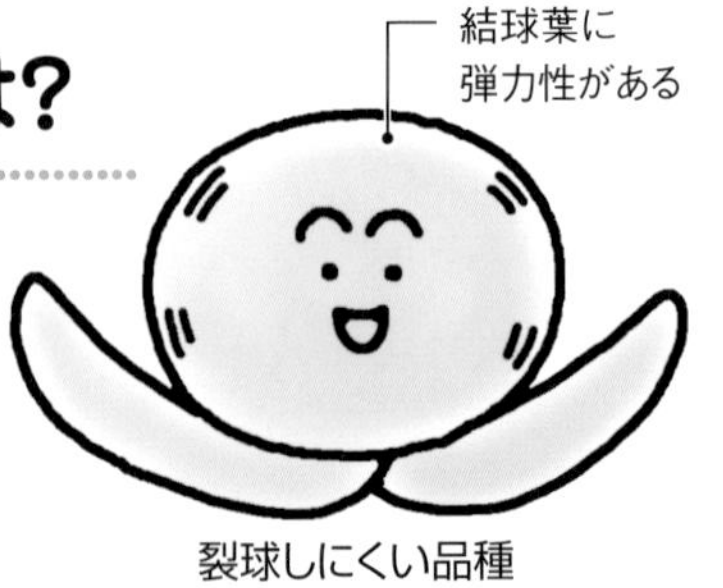

裂球しにくい品種

業務加工用に向け玉を大きくする栽培が増えて、裂球が問題になっている。しかし割れにくい品種もある。種苗メーカーに聞いてみると、割れにくい品種のひとつの要素は、結球葉に弾力性があること。玉の内側から新しい葉が次々に出ても、弾力性があれば割れにくいからだ。初恋(トーホク)、いろどり(カネコ)、なつめき(TS-C112、トヨタネ)などがそのタイプらしい。一方、結球性が強くて割れにくいタイプもある。巻きが強いので、抽台による裂球も起こりにくい(花芽が上がりにくい)。涼音(タキイ)、青琳(サカタのタネ)、舞みどり(渡辺農事)、冬のぼり(野崎採種場)などがそのタイプらしい

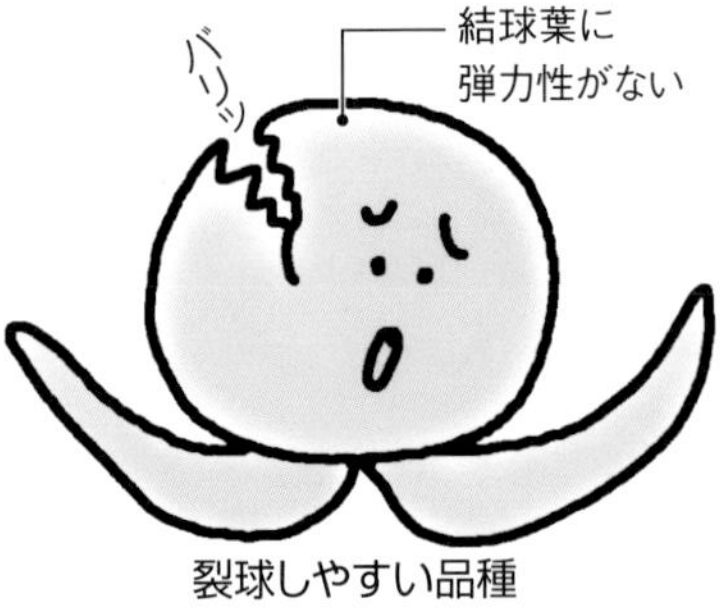

裂球しやすい品種

キャベツは根の再生力が強い

根が切れても負けない。
もっと根が増える!!
移植にも最適

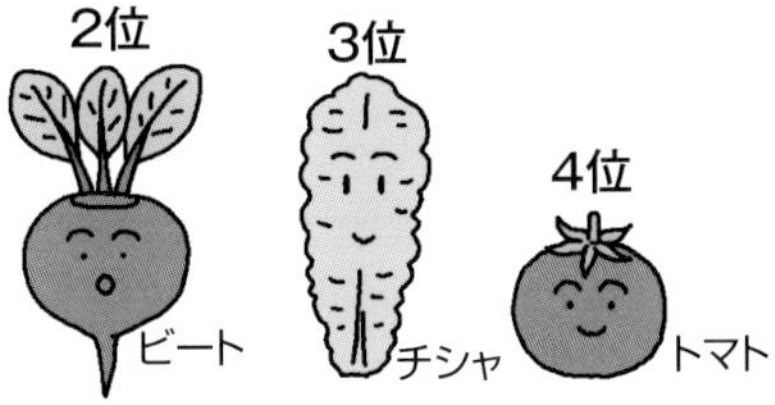

根の再生力ランキング

順位	種類	根の再生力指数
1	キャベツ	8.6cm
2	ビート	8.1cm
3	チシャ	5.6cm
4	トマト	5.1cm
5	セルリ	0.7cm
6	タマネギ	0cm
7	キュウリ	−0.1cm
8	メロン	−0.5cm
9	ニンジン	−1cm
10	トウガラシ	−1.1cm

※(Loomis,1925)「移植の難易とR/T率、根の回復力および根の木栓化の程度」を編集部でわかりやすく改変

右のランキングは、根の再生力を調べた研究者のデータ(『作物にとって移植とはなにか』(農文協)より)。根の再生力指数とは、苗を移植して4日から8日の間に伸びた根の長さを示したもの。一般に移植して根が切れたり傷んだりした作物は、活着が遅れて、その後の生育も悪くなる。しかし根の再生力が強い野菜は、活着もよく、生育も悪くならない。キャベツはとくに再生力が強く、移植したほうがかえって生育がよくなることもある

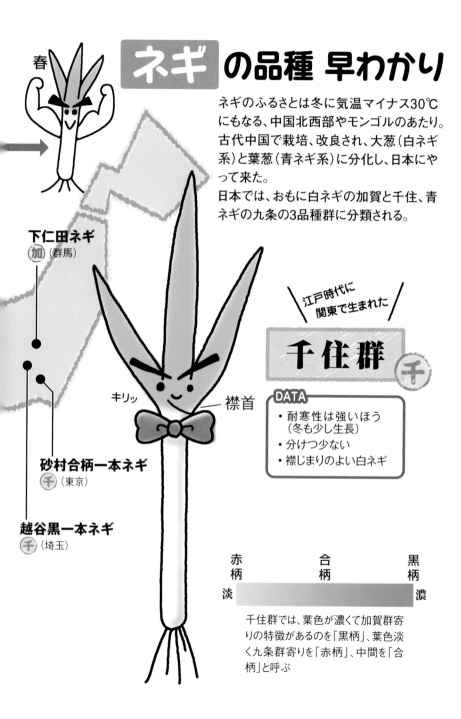

ネギの品種 早わかり

ネギのふるさとは冬に気温マイナス30℃にもなる、中国北西部やモンゴルのあたり。古代中国で栽培、改良され、大葱（白ネギ系）と葉葱（青ネギ系）に分化し、日本にやって来た。

日本では、おもに白ネギの加賀と千住、青ネギの九条の3品種群に分類される。

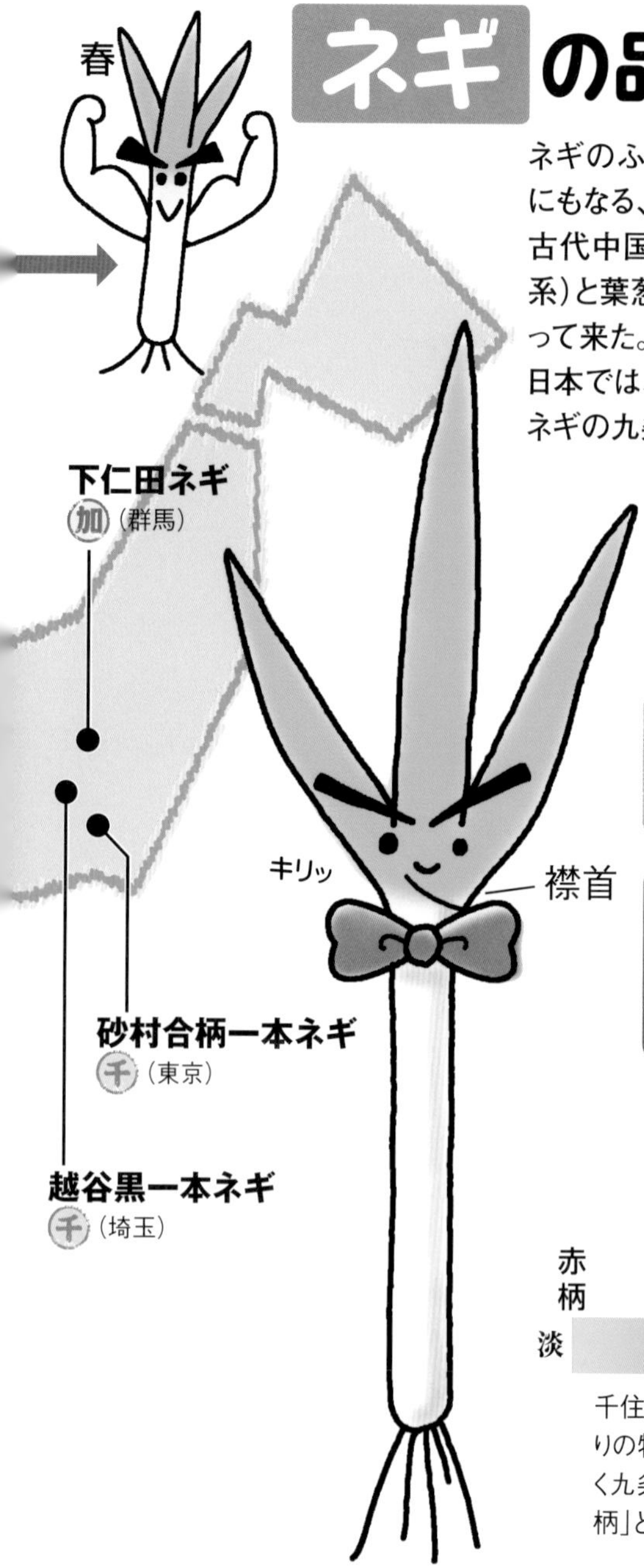

江戸時代に
関東で生まれた

千住群

DATA

- 耐寒性は強いほう（冬も少し生長）
- 分けつ少ない
- 襟じまりのよい白ネギ

赤柄	合柄	黒柄
淡		濃

千住群では、葉色が濃くて加賀群寄りの特徴があるのを「黒柄」、葉色淡く九条群寄りを「赤柄」、中間を「合柄」と呼ぶ

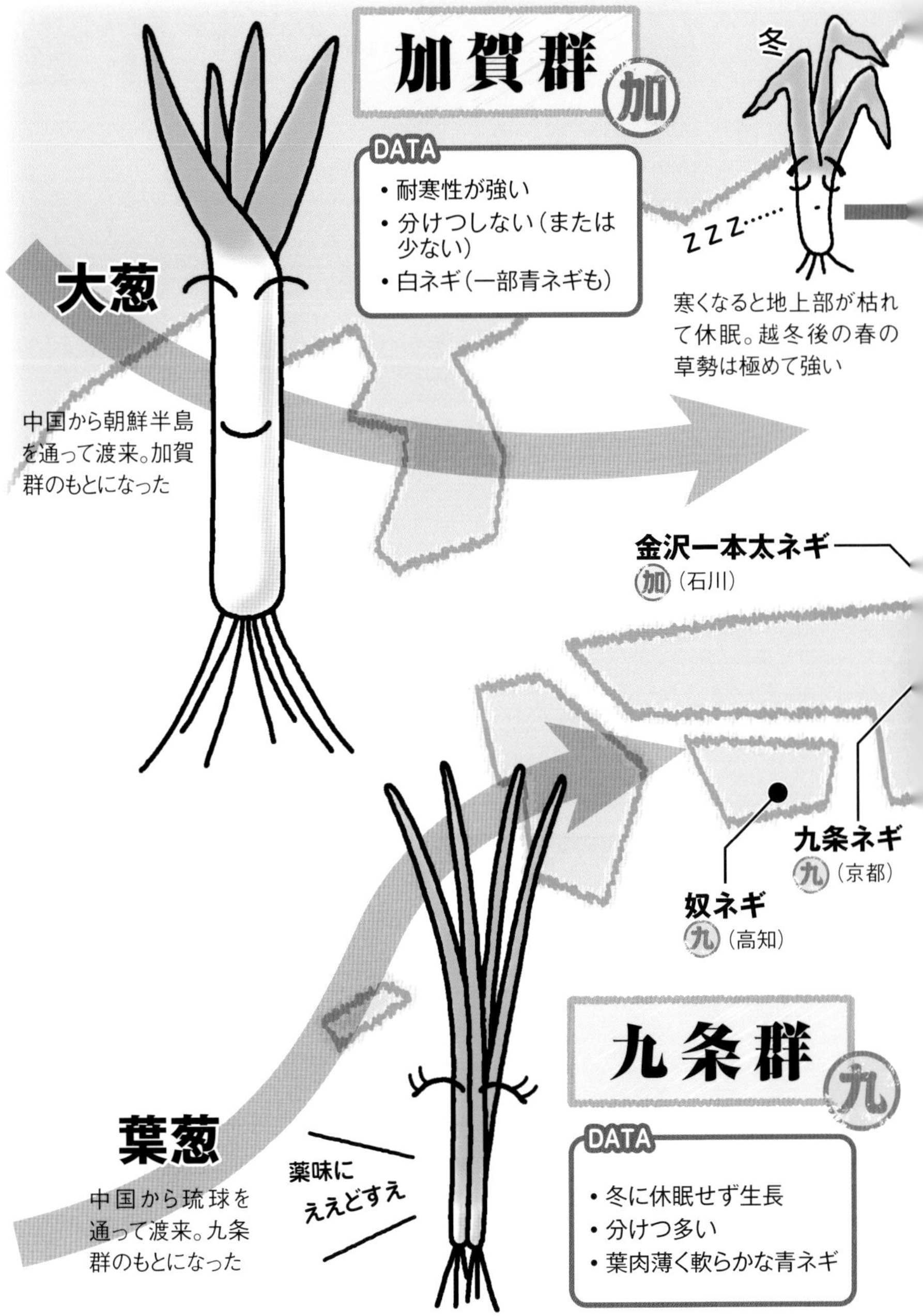
加賀群
加
DATA
・耐寒性が強い
・分けつしない（または少ない）
・白ネギ（一部青ネギも）
冬
ZZZ……
寒くなると地上部が枯れて休眠。越冬後の春の草勢は極めて強い
大葱
中国から朝鮮半島を通って渡来。加賀群のもとになった
金沢一本太ネギ
加（石川）
九条ネギ
九（京都）
奴ネギ
九（高知）
九条群
九
DATA
・冬に休眠せず生長
・分けつ多い
・葉肉薄く軟らかな青ネギ
葉葱
中国から琉球を通って渡来。九条群のもとになった
薬味に
ええどすえ

ネギの一生と作型

ネギはタネでも殖えるし、分けつでも殖える。白ネギやハウス青ネギでは分けつしにくい品種が用いられ、周年栽培されている。現在はトウ立ち(抽台)しにくい品種が登場

品種改良と作型

春にトウが立つとネギは硬くなるため、以前は春から初夏にかけて端境期だった。また、高温に弱いネギは夏場の出荷も難しかった。現在はトウ立ちしづらく、夏の高温にも強い品種が開発され、ネギは年中出荷されるようになっている

ネギの殖え方

ネギは本来、春に花(ネギ坊主)を咲かせ、落ちたタネが発芽。夏から秋にかけて生育し、冬の低温にあたって花芽が分化、再び春にトウ立ちして花を咲かせる。また、品種によって差があるが、生育中にあるていど大きくなる(葉の枚数が増える)と分けつし、株が増える

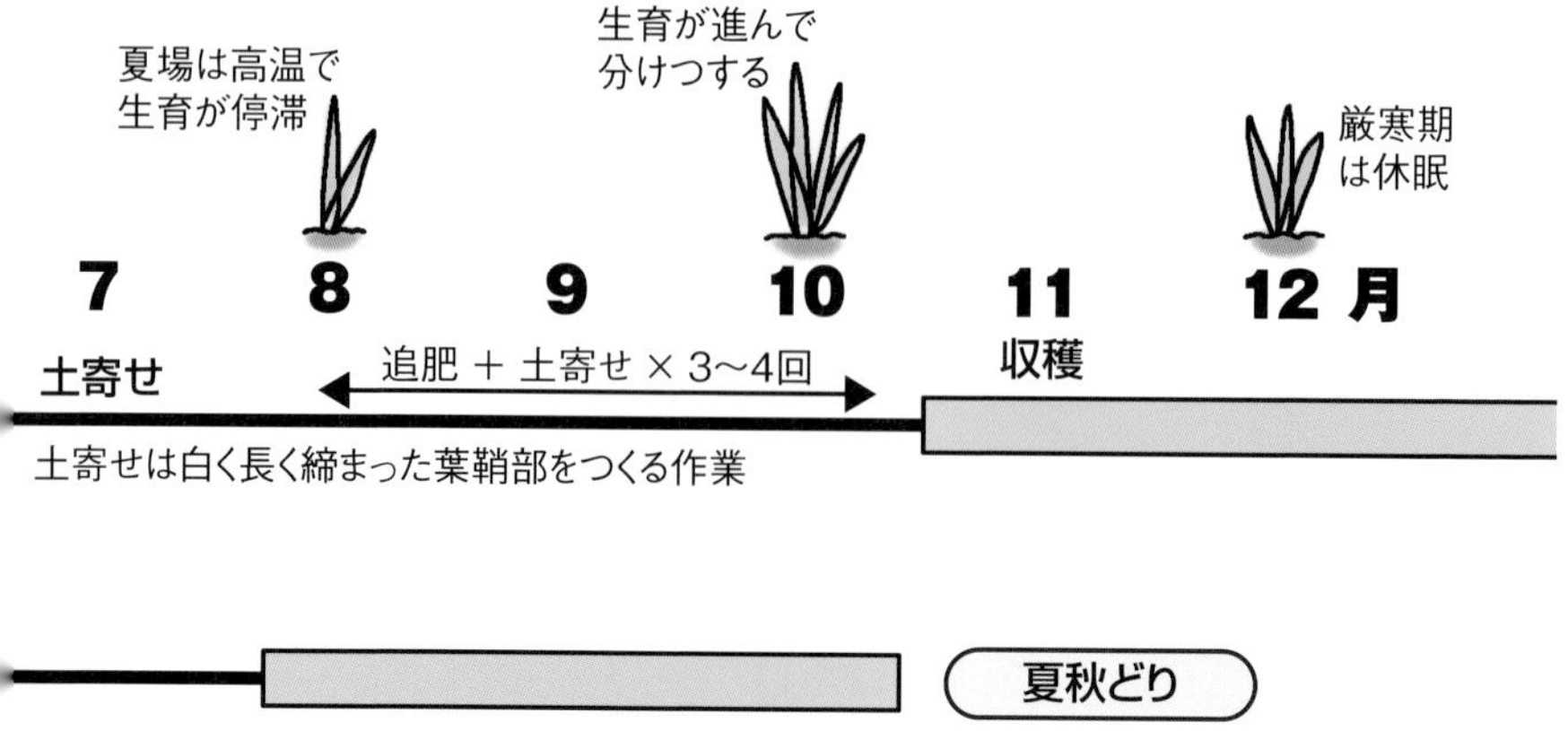

ネギの生育自由自在

9月に播種して翌5月に定植し、秋に収穫する農家もいる。育苗期間はなんと8カ月間。ネギは低温に強く、冬場、生育を停止した状態ですごし、雪の下でも耐える。以前は春にトウ立ちすることもあったそうだが、現在の晩抽性品種ならまったく問題ないという

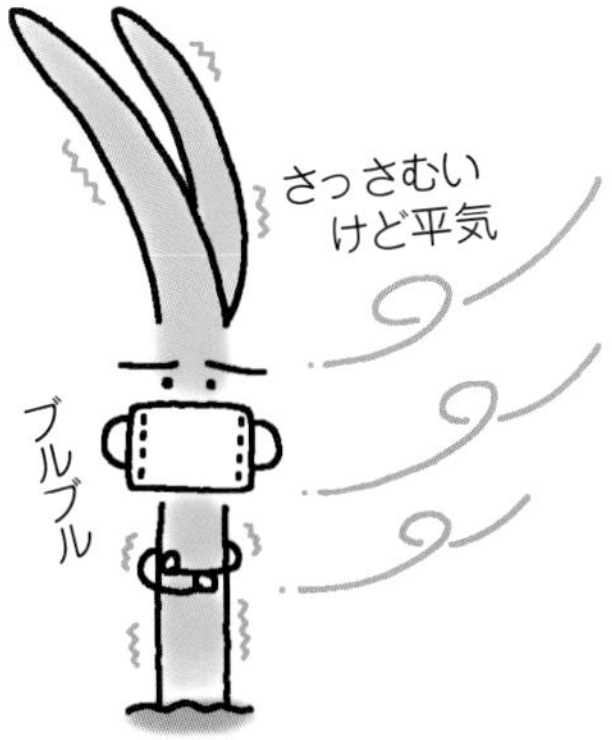

ふつうに生育しているときに、生育スピードを遅らせることも可能だ。台風対策で、一部の畑でかん水と肥料を控えて生育を抑える農家もいる。再び水や肥料をやれば元の生育に戻るそうだ

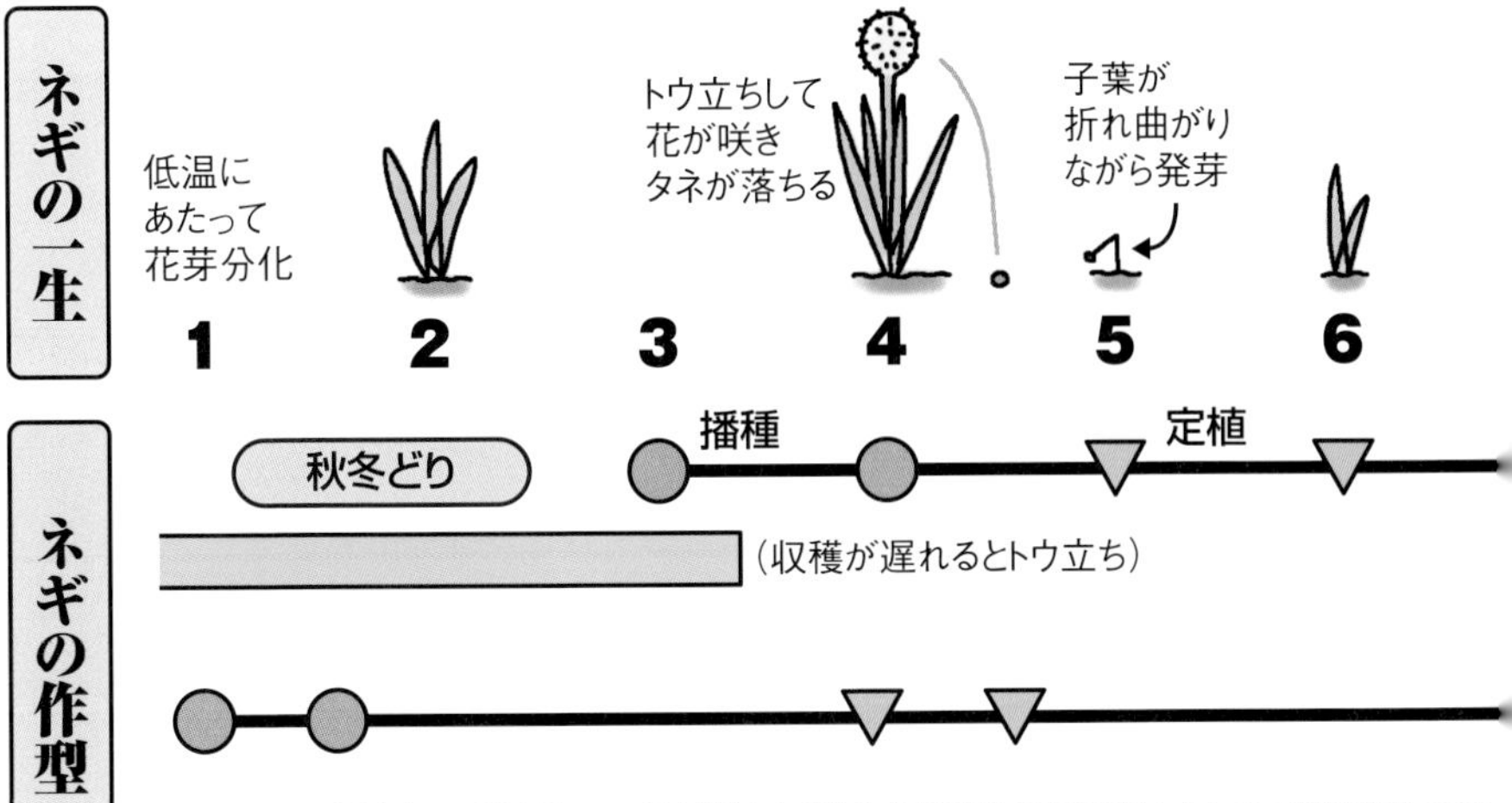

※このほか、春どり（5～6月播種、7～8月定植）や初夏どり（9月播種、11月定植）と合わせて周年栽培できる
※ハウス栽培の青ネギは、暖かい時期は60日、寒い時期は130日くらいで収穫する

タマネギと日本人

昔

タマネギのふるさとは中近東（イランのあたり）。日本で食べられるようになったのは、生活が洋風化しはじめた明治時代。1879年（明治12年）にアメリカから扁平で辛いタマネギが入ってきて栽培されるようになったんだ

明治〜昭和初期にかけて、アメリカ由来の辛いタマネギから札幌黄（北海道・丸型）や泉州早生（大阪・扁平型）が生まれ、フランス由来の白くて甘いタマネギから愛知白（扁平型）が生まれたよ

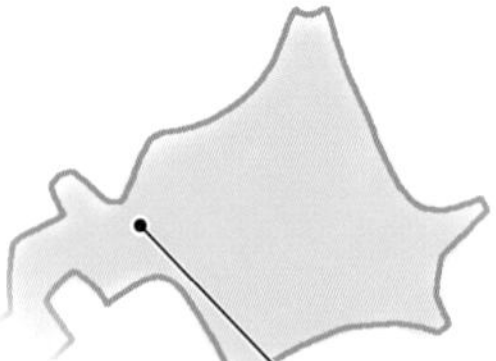

タマネギは貯蔵がきいて栄養豊富。そのため戦時中は軍用品として統制されてたんだって

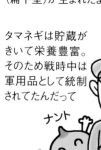

今じゃタマネギは、日本人の年間野菜購入ランキングの第2位!
一方で海外からの輸入量が一番多い野菜でもあるよ

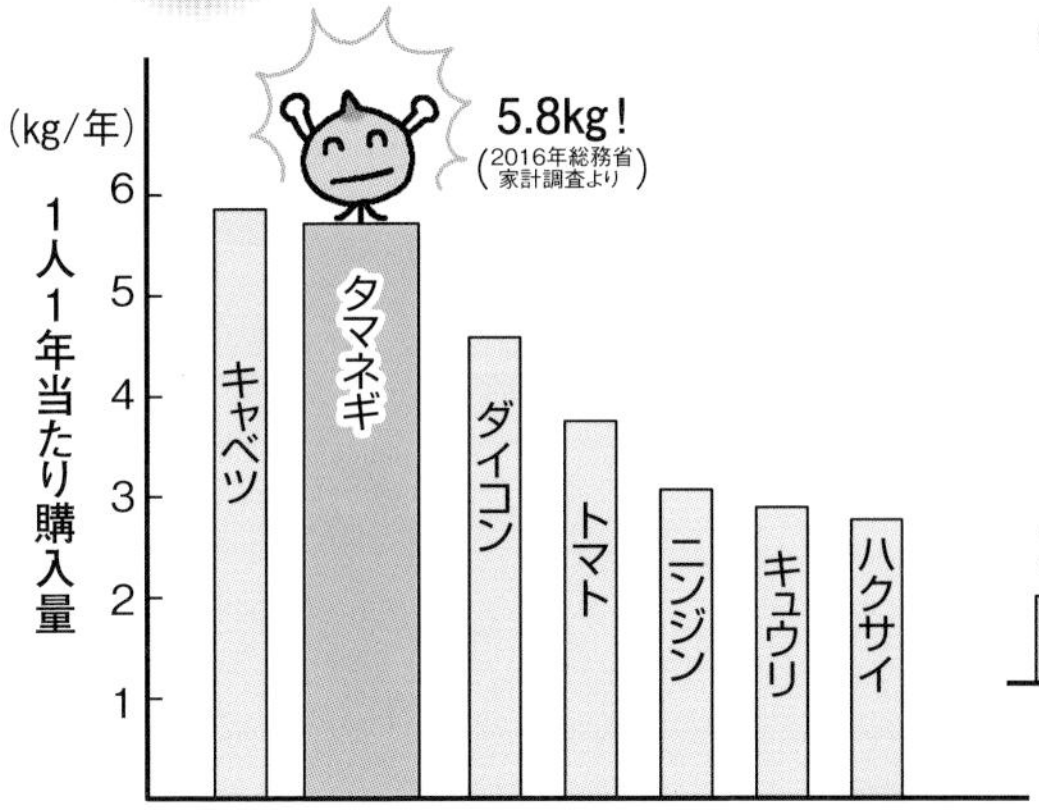

*参考『タマネギの絵本』(農文協)

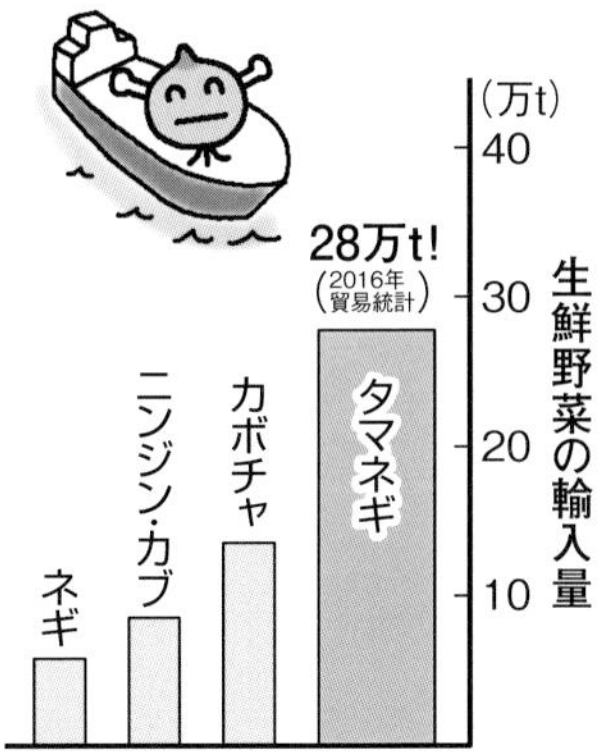

辛み成分は加熱すると甘み成分になり、肉と相性がいい
オニオンスライスを毎日、バリバリ食べたら、血圧が下がったっていう作家もいるらしいよ

ボクの体の秘密は、次のページから

タマネギの品種は、辛タマネギと甘タマネギの2つに分かれるよ。日本で栽培されているほとんどの品種は、長期貯蔵できる辛タマネギだ。甘タマネギ品種は「生食用」「サラダ向き」と書かれているもので、長期保存には向かないよ。赤タマネギの多くは甘タマネギだ

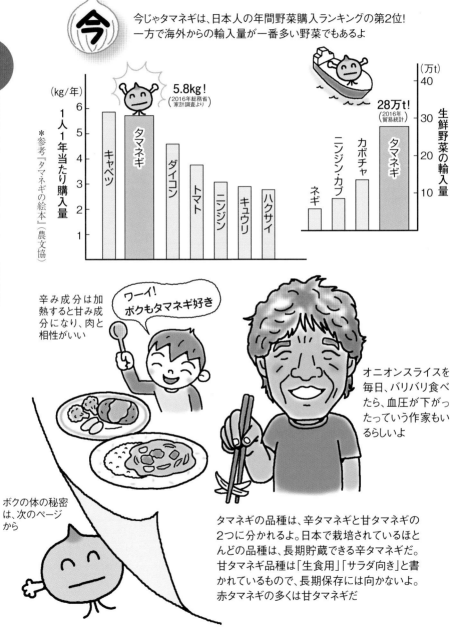

タマネギってこんな作物

タマネギの球は葉

みんなが食べているタマネギの球の部分はなんだと思う? 球根? 茎? 答えは葉なんだよ。

上の青々とした葉(葉身)で栄養分(炭水化物)をつくって、下の白い部分(肥厚葉)に蓄える。貯蔵庫みたいなものだ。葉(葉身)と肥厚葉はつながっていて、葉身がない中のほうの葉は貯蔵葉というんだよ

外側の葉は内側の葉に養分を譲る

外側の肥厚葉1～3枚は、乾燥している間に真ん中の貯蔵葉に養分を移して、薄い茶色い皮(保護葉)に変わるんだ。チッソ、リン酸、カリは移っちゃうけど、茶色い皮にはカルシウムやケルセチンが残ってるよ

生長点は茎盤にある

料理するときに取り除いてしまう根元の部分は茎盤といって、大事な生長点。ここから新しい葉を出したり、分球するときもここが2～3個に分かれるんだ

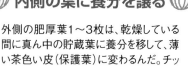

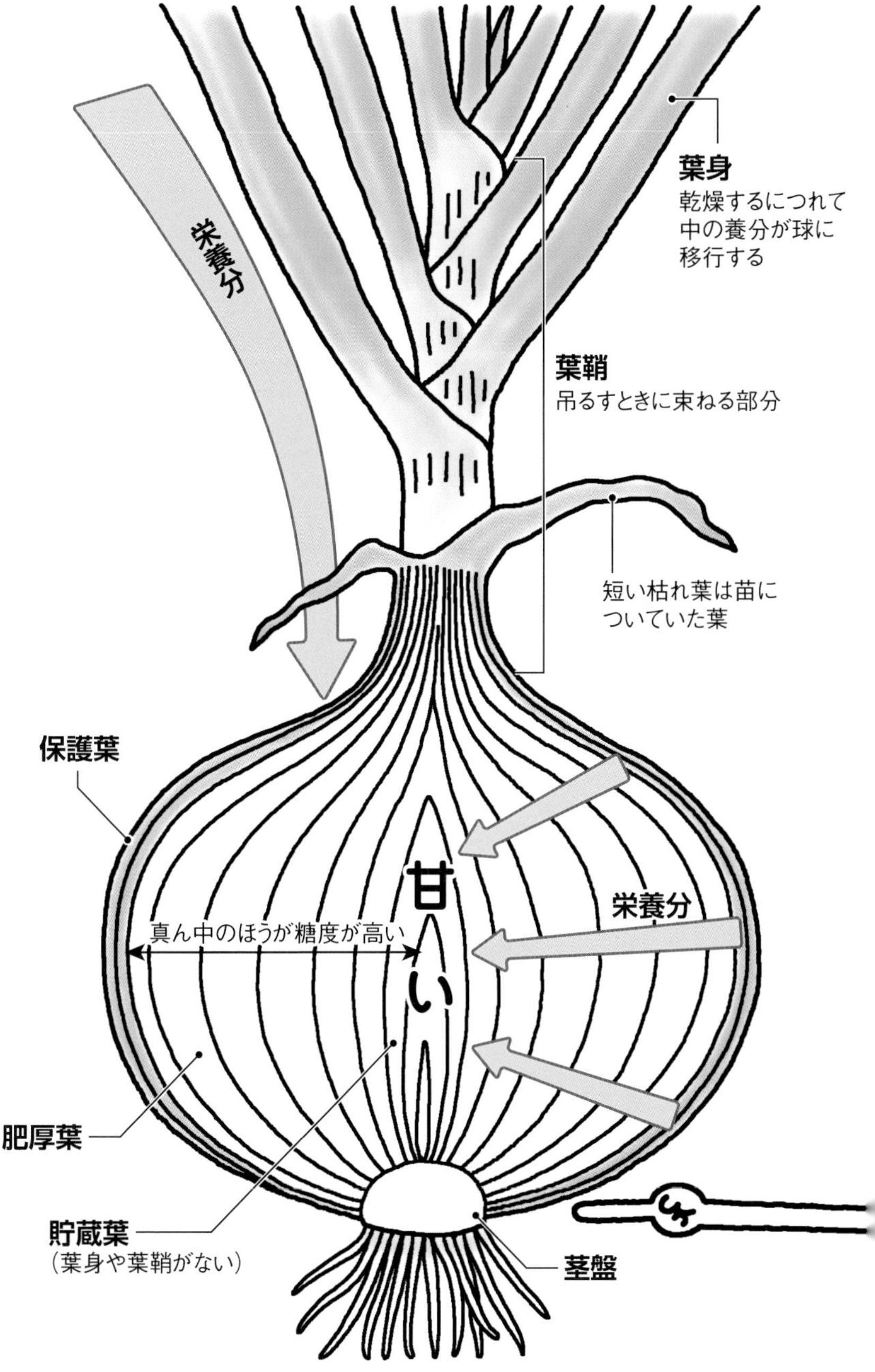
栄養分
葉身
乾燥するにつれて
中の養分が球に
移行する
葉鞘
吊るすときに束ねる部分
短い枯れ葉は苗に
ついていた葉
保護葉
甘い
栄養分
真ん中のほうが糖度が高い
肥厚葉
貯蔵葉
（葉身や葉鞘がない）
茎盤

品種の早晩は
肥大する日長と温度の違い

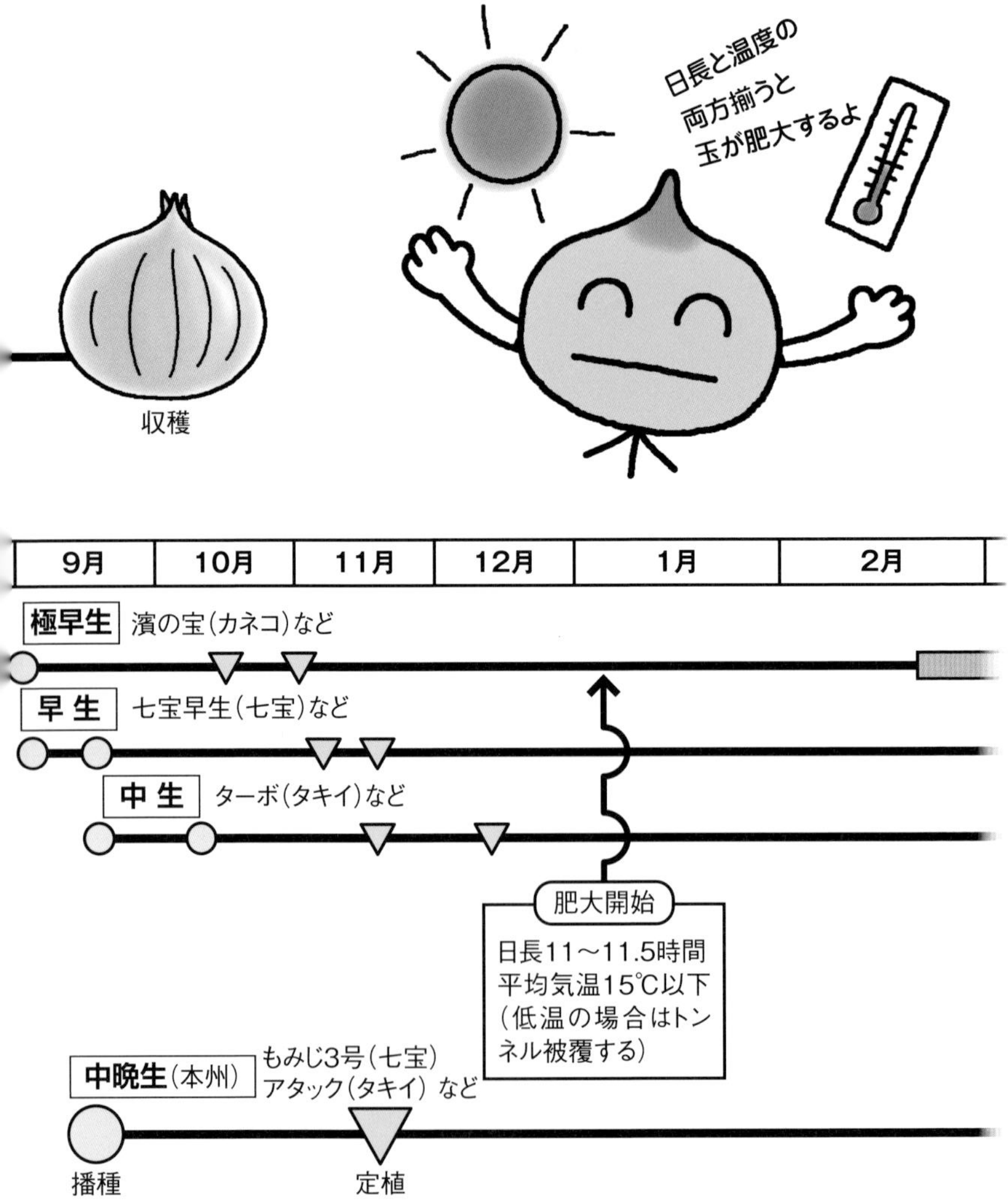

タマネギの肥大がいつ始まるかは、日長と温度が関係しているんだ。晩生になるほど、より日長が長く、温度が高くならないと肥大しない。本州以西でつくられるのは極早生～中晩生種、北海道では中晩生・晩生種だよ。

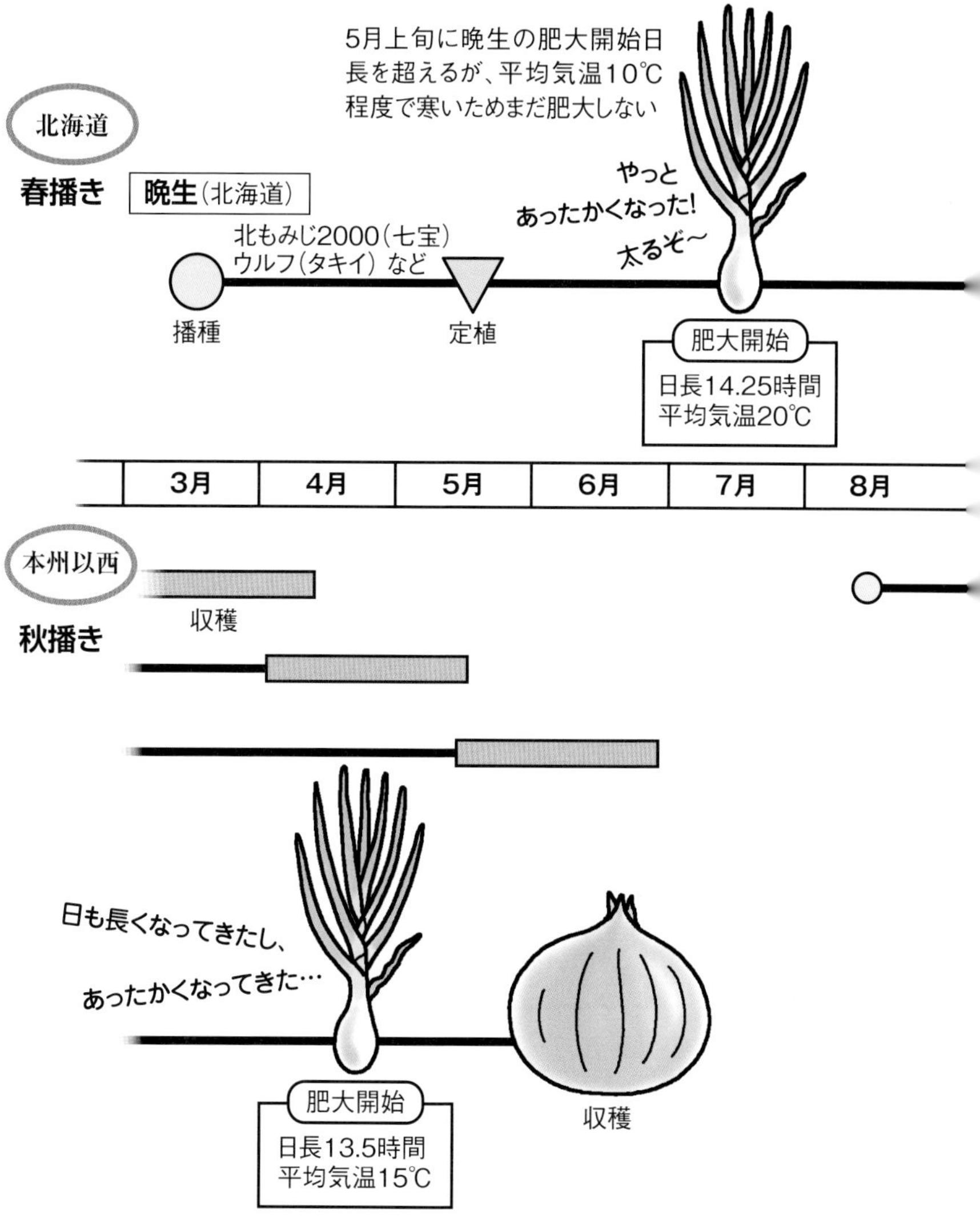

ニンニクの品種いろいろ

寒地型品種

寒地型は極晩生で、りん片が大きく、数が6個前後と少なめ。「むくのに手間がかからなくていい」といわれる

八木にんにく

秋田県横手市増田町八木地区の「八木にんにく」。外皮が褐色がかっており、まったくトウ立ちしない。植え付けは11月上旬でもOK

福地ホワイト

ご存じ、ニンニクの王様。青森県がダントツの生産量を誇る

八木にんにくは大玉で甘みがあるので、6月頃、まだ若いものを「青にんにく」として丸ごと食べる人も多い

ジャンボニンニク

写真のジャンボニンニクは品種名「エレファントガーリック」。

「ジャンボニンニクはじつはニンニクではなく、リーキの仲間であり、味もニンニクとは別物（ジャガイモみたい??）」という人もいる。このほか、「無臭ニンニク」の名前でやはりやや大きめのニンニクも流通しているようだが、こちらの正体も今ひとつハッキリしない

ニンニクの原産地は中央アジア。日本の品種はおおまかに分けて、寒地型と、暖地・低緯度型に分かれる
（参考：大場貞信著『新特産シリーズ　ニンニク』（農文協）

暖地・低緯度型品種

暖地型は熟期が早生または中生、低緯度型は極早生。りん片数はどちらも12個前後と多く、一つのりん片は小さい。数が多いとむくのは大変だが、葉ニンニク栽培などには適するといえる

遠州極早生（?）

静岡県の直売所で見かけたニンニク。外皮が赤紫になる「遠州極早生」と思われる

島にんにく

写真の「島にんにく」（フタバ種苗）は沖縄早生と呼ばれる品種。香りが強いのが特徴で、地元でしか出回らないが、沖縄以外の地域でもつくれる。葉ニンニクとしても利用できる

ニンニク豆知識

芽ニンニク（スプラウトニンニク）…発芽させてすぐ収穫
葉ニンニク…ある程度育った葉と茎を収穫
球ニンニク…普通のニンニク。りん茎部が肥大したもの

＊「ニンニクの芽」の名で流通しているものは、トウ立ちしたニンニクのトウ（花茎）の部分。日本の品種はトウ立ちしにくいものが多いので、ほとんどが中国産。だが「富良野」「上海早生」などトウが伸びやすい品種もじつはある

よくわかる ジャガイモの品種

北海道農業研究センター・田宮誠司

この図の読み方

例えば、男爵薯は十勝こがねより煮崩れしやすいが、キタアカリより煮崩れしにくい。十勝こがね、さやか、メークインの順にしっとり感が増す。品種はおおまかに4タイプに分かれる（田宮先生作成の図をもとに編集部まとめ）。各品種の解説は次ページから。

※イモのデンプン価の高いものほど粉質（ホクホク）で、煮崩れしやすい傾向にある

食感と煮崩れ度からみた
ジャガイモ品種

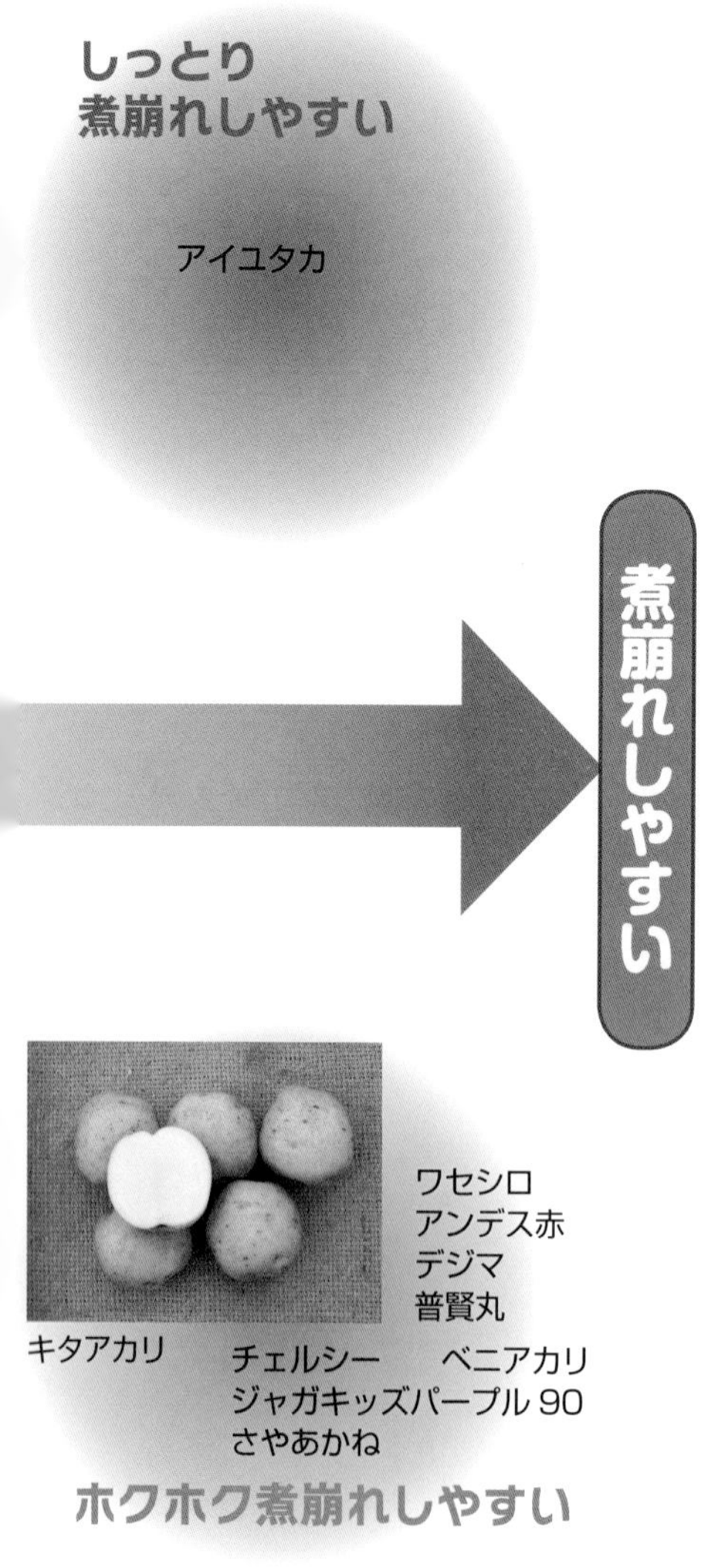

しっとり

しっとり煮崩れしにくい

とうや
インカのめざめ
シェリー
ニシユタカ
キタムラサキ
花標津
アイノアカ
レッドムーン
ノーザンルビー
インカのひとみ
ゆきつぶら
はるか

メークイン

煮崩れしにくい

さやか

シャドークイーン

中間タイプ。中晩生。紫皮で紫肉。「キタムラサキ」よりアントシアニン含量が多く肉色はムラのない紫色

シャドークイーン

十勝こがね

ムサマル
スノーマーチ
シンシア
ホッカイコガネ

男爵薯
スタールビー

ホクホク煮崩れしにくい

ホクホク

調理法ごとのジャガイモ品種一覧

はるか

中生。白皮で白肉、目の部分が淡赤。煮物はもちろんサラダ加工適性とコロッケ適性もあり、多収

煮物

しっとり煮崩れしにくい

メークイン　中早生から中生。光に当たると皮が緑になりやすい

とうや　早生。イモが肥大の始まりは「男爵薯」より遅いが、その後の肥大が早く、早掘り、普通掘りとも収量が多い。粒揃いもよい

インカのめざめ　極早生。濃い黄色の肉色で栗のような独特の風味がある。休眠期間が非常に短いので、貯蔵するには収穫後すぐに冷蔵保存する。低温貯蔵することによって糖が増加し甘みが増す

シェリー　中早生。赤皮で黄肉。1株当たりのイモ数が多く、イモは小さめ。冷蔵すると甘みが増す

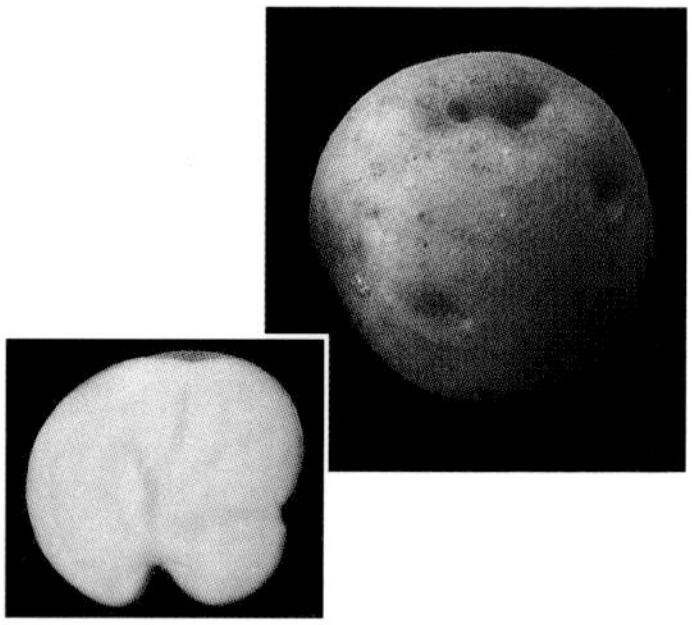

花標津

中晩生。淡赤皮で淡黄肉。エキ病圃場抵抗性が強い。ストロンが長いため、ウネを大きくつくる

新品種の開発動向

ジャガイモの新品種開発では調理や加工がしやすい品種の開発を進めてきており、最近育成された品種では目が浅く、皮がむきやすくなっています。また、皮をむいた後の褐変や、調理した後の黒変も少ない品種が育成されてきています。

病害虫に対して抵抗性のある品種の育成も進めており、ほとんどの新品種はジャガイモシストセンチュウ抵抗性を持っています。さらに、エキ病に抵抗性を持つ「花標津」「さやあかね」、ソウカ病に抵抗性を持つ「スノーマーチ」などの品種が育成されてきています。

また、アントシアニンを含むカラフルポテトの育成も進めています。以前の品種よりもアントシアニンが高く、栽培特性の優れた「ノーザンルビー」「シャドークイーン」を育成しています。

つぶす系

粉質で、煮崩れしやすい

アンデス赤

赤皮の定番。サラダに

男爵薯

粉質系の代表

キタアカリ

きわめて粉質

チェルシー

小イモだが多収（※）

揚げ物系

糖が少なく褐変しにくい

トヨシロ

ポテトチップスといえば、これ

ホッカイコガネ

フライドポテトに最適。煮物にもよい

インカのめざめ

煮物やお菓子にも。大人気品種

還元糖が多い品種は甘いが、油で揚げると強い焦げ色がつくので揚げ物に向かない。その点、写真の品種や十勝こがね、ムサマルなどは糖分が少なく揚げ物に向いている。これらは低温貯蔵するとぐんと甘くなるようだ

このページの写真・赤松富仁（※以外）

ジャガイモは種イモを毎年買い直すのが普通だ。種イモの流通や植えるときの切り方などをみてみた。

種イモの話

種イモはどうやってできてくる?

国の種苗管理センターで生産された「原原種」を、委託された農家の原種圃場で一作増殖し、ここで生産された「原種」が採種圃場でさらに一作増殖され、種イモとして出荷される

← **原原種** ← **新品種**

ジャガイモは種イモに病害虫がついていると収穫が大きく減るので、昭和26年から「植物防疫法」にもとづいて指定種苗に指定され、採種体系が定められ、防疫検査が義務づけられている

種苗管理センターの農場(●の7カ所)で組織培養などにより無病の元種(原原種)を生産。男爵薯やメークインなども毎年更新(無病化)

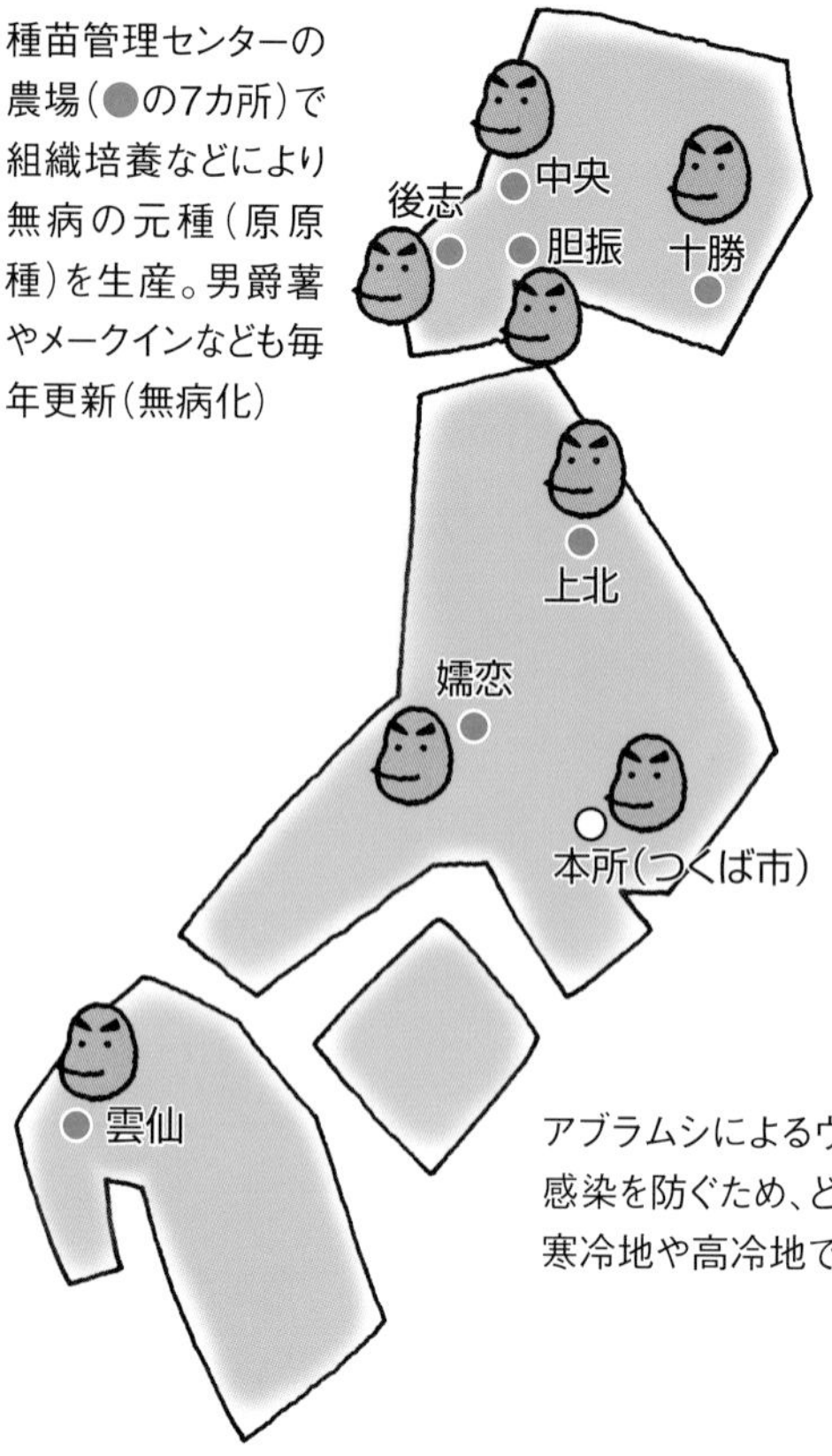

アブラムシによるウイルス病感染を防ぐため、どの農場も寒冷地や高冷地で栽培する

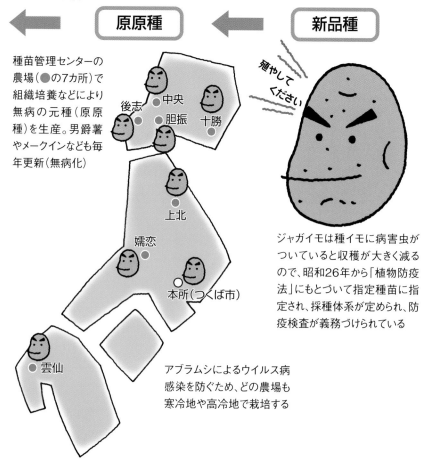

ずいぶん何回にも分けて殖やすのね
ジャガイモはイモで殖やすから、タネみたいに1回では殖やせないんだよ
無病の種イモってこうやってできてたのか

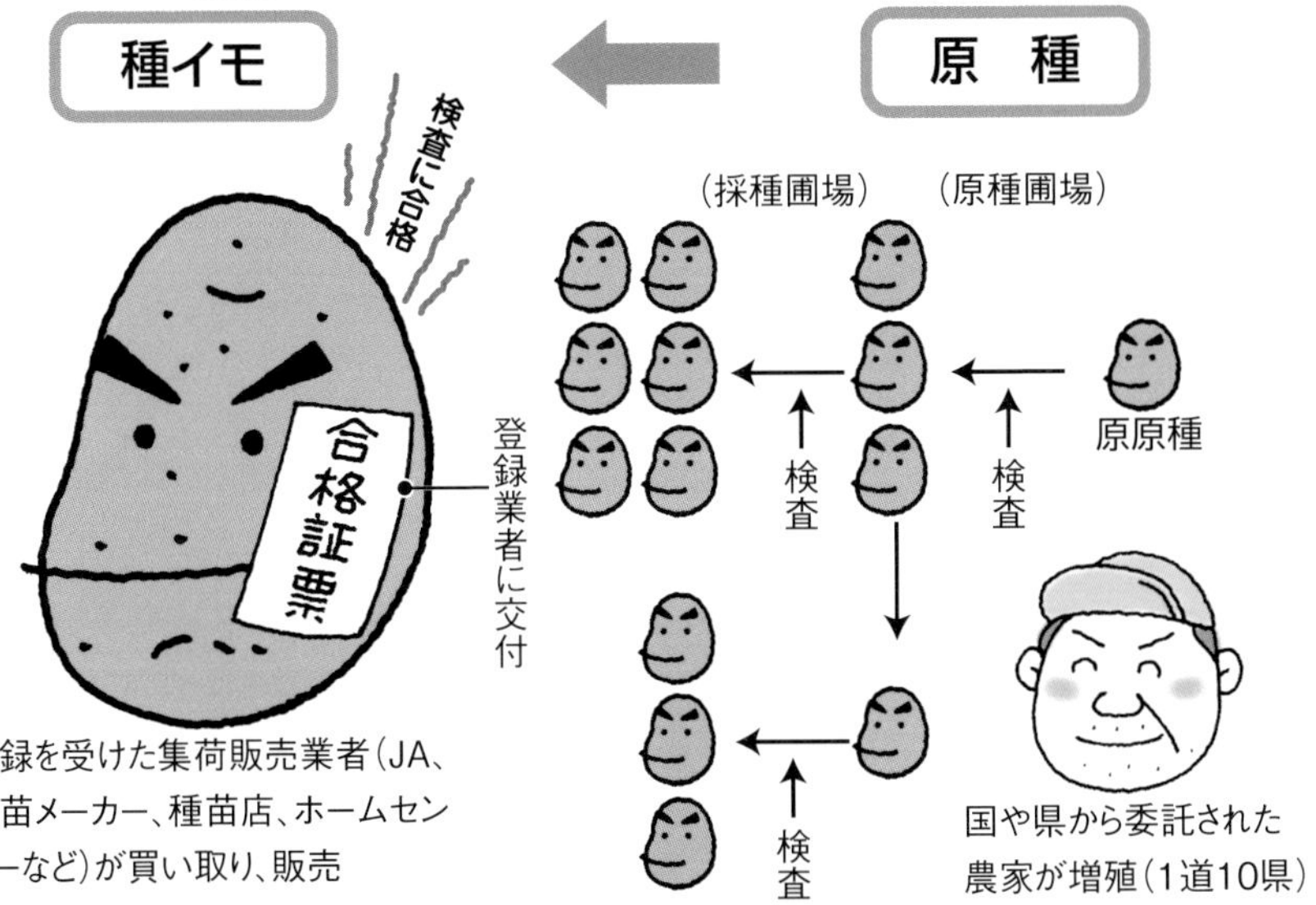
原　種
種イモ
（原種圃場）
（採種圃場）
原原種
検査
検査
検査
国や県から委託された農家が増殖（1道10県）
検査に合格
合格証票
登録業者に交付
登録を受けた集荷販売業者（JA、種苗メーカー、種苗店、ホームセンターなど）が買い取り、販売

種イモの入手

種イモを入手するには、お近くのJA、種苗店、ホームセンターで。サカタのタネやタキイ種苗などの大手種苗メーカーでも入手可。サカタやタキイではサツマイモやサトイモの種イモ（苗）も扱っています。

検査

植物防疫所による検査は①植え付け前の圃場②栽培期間中③収穫後の種イモ、の3回。

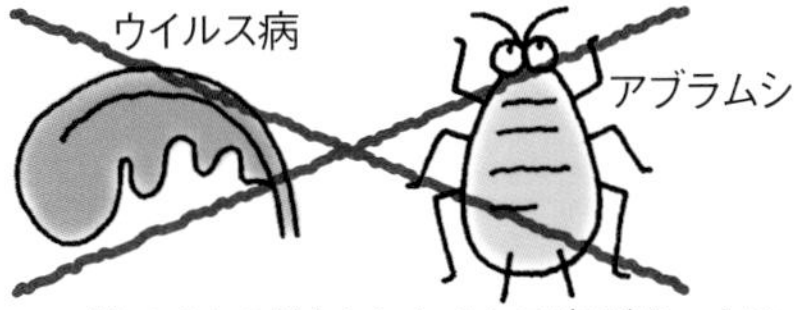
ウイルス病
アブラムシ

1000株のうち2株以上ウイルス病があったりすると不合格。販売できない

種イモはどう切る?

やっとボクを手に入れても、
その切り方で生育が不揃いに
なっちゃうことがある。
それは芽の着き方のせい

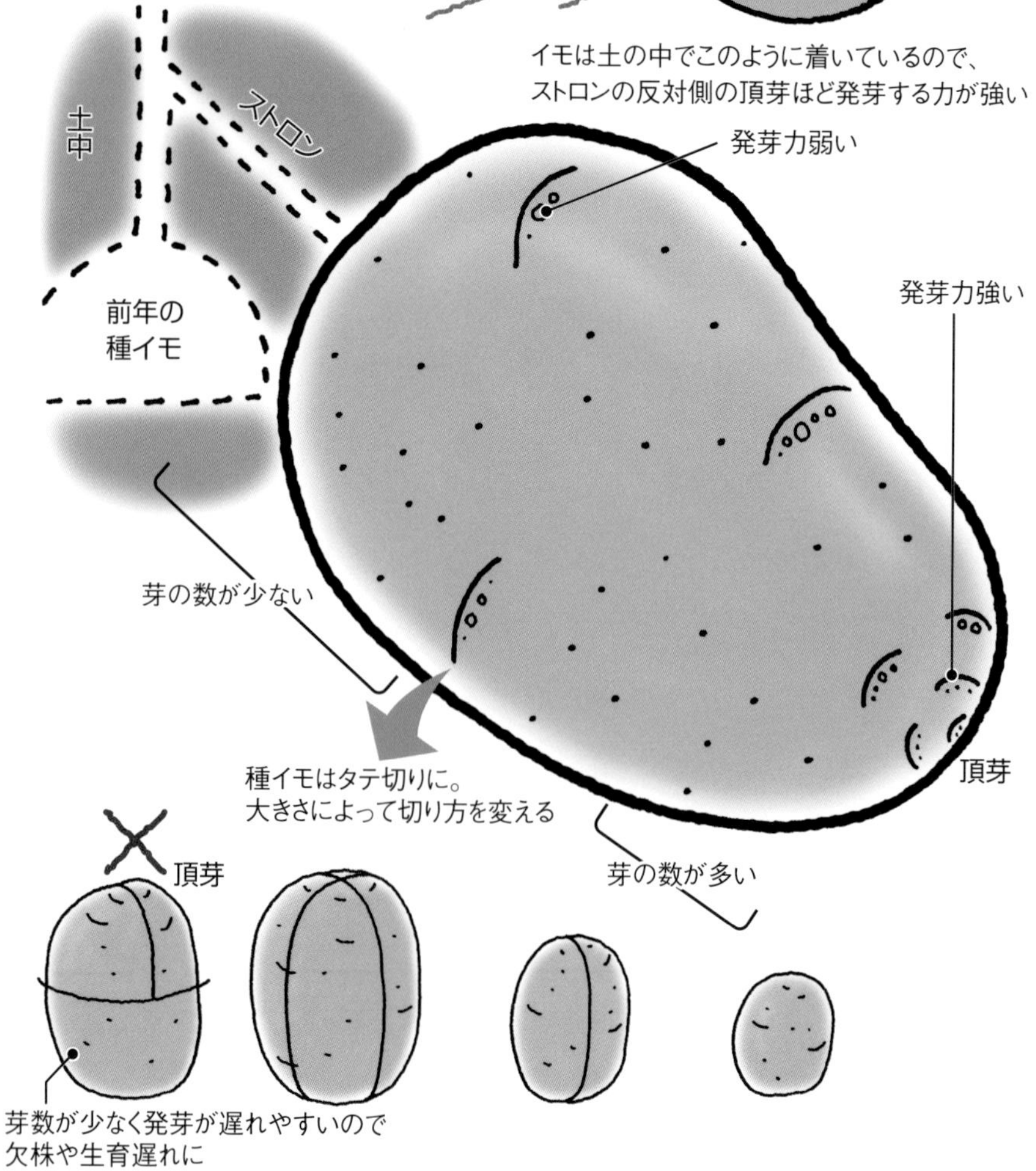

イモは土の中でこのように着いているので、
ストロンの反対側の頂芽ほど発芽する力が強い
土中
ストロン
前年の
種イモ
発芽力弱い
発芽力強い
頂芽
芽の数が少ない
芽の数が多い
種イモはタテ切りに。
大きさによって切り方を変える
頂芽
芽数が少なく発芽が遅れやすいので
欠株や生育遅れに

種イモの切り方　農家の工夫

●個重型品種と個数型品種で切り方を変える　福島県いわき市・東山広幸さん

個重型品種

イモが大きくなりやすい
ワセシロ／とうや／シンシアなど

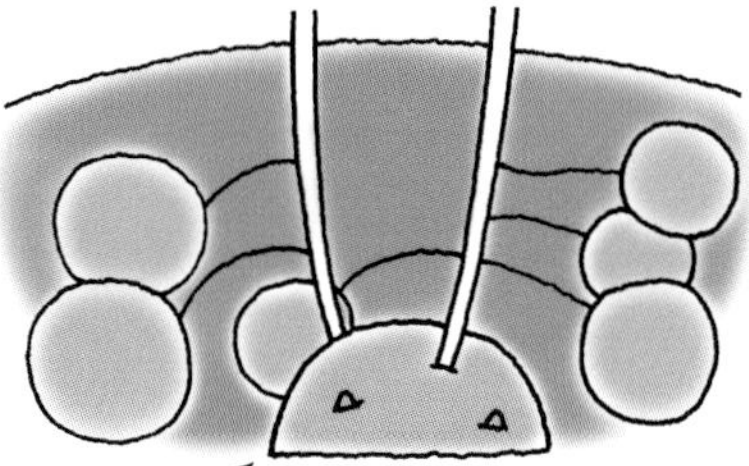

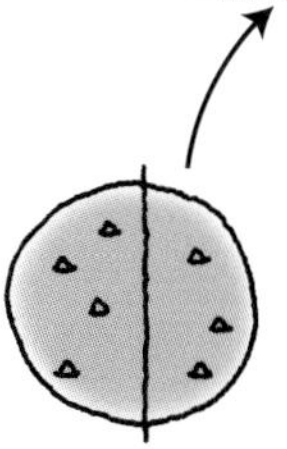

茎が立ちにくいので
種イモは芽を多く残すように
2つ切り。
だから
S〜M級の種イモが経済的。
密植で単位面積当たりの
イモ数を確保する

個数型品種

イモが多くなりやすい
キタアカリ／ベニアカリなど

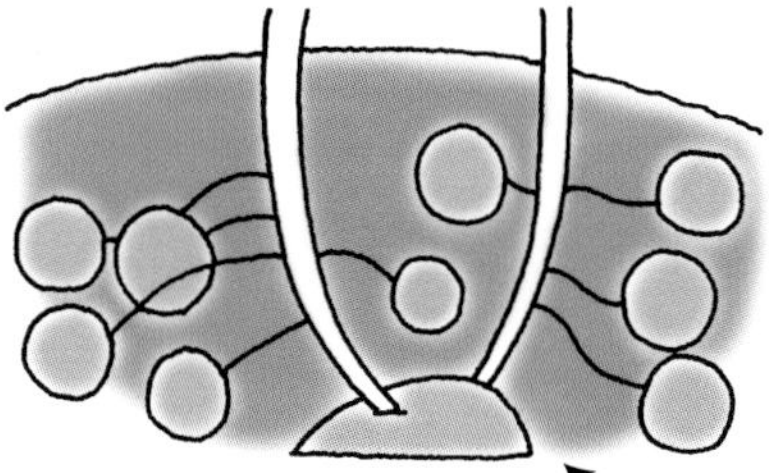

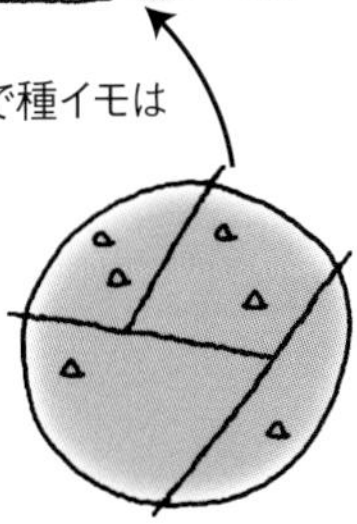

茎が立ちやすいので種イモは
2つ芽まで細断。
だから
2L〜L級の
種イモが経済的。
疎植にすることで
小イモにさせない

※男爵薯、メークイン、十勝こがねは中間型の品種
※チェルシーとシェリーが個数型で、さやかは個重型

●少し残して2つ切り

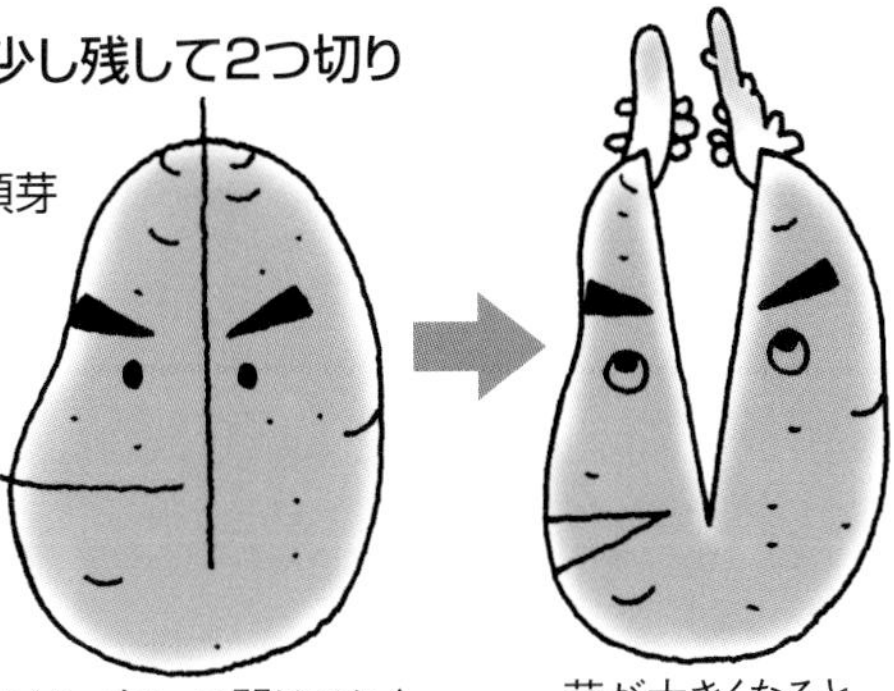

2／3くらい切って閉じておく

芽が大きくなると
切れ目が広がる

福岡県朝倉市・三原十三子さん

春、メークインの種イモを2つに切るときに完全に切り分けず、少しだけ残しておき、植えるまで切り口を閉じておく。植えるときに割れば種イモの養分が逃げないので、芽立ちがよくなる

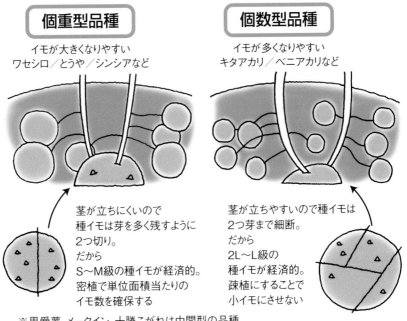

よくわかる サツマイモの品種

九州沖縄農業研究センター・吉永 優

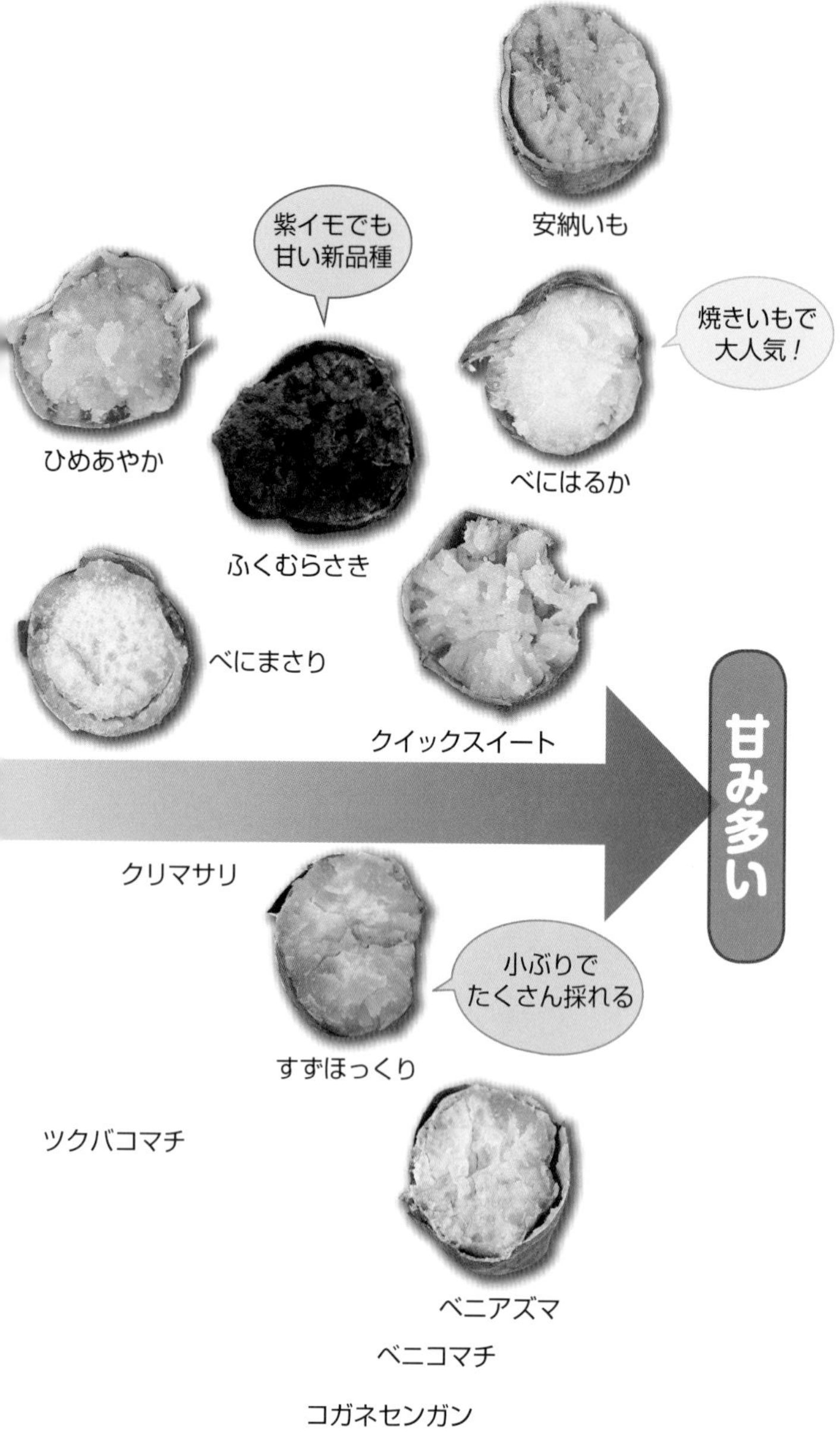

食感・甘みでみたサツマイモ品種

※鳴門金時、ベニサツマ、宮崎紅、五郎島金時などの地域ブランド品種は、高系14号から選抜されたものです。

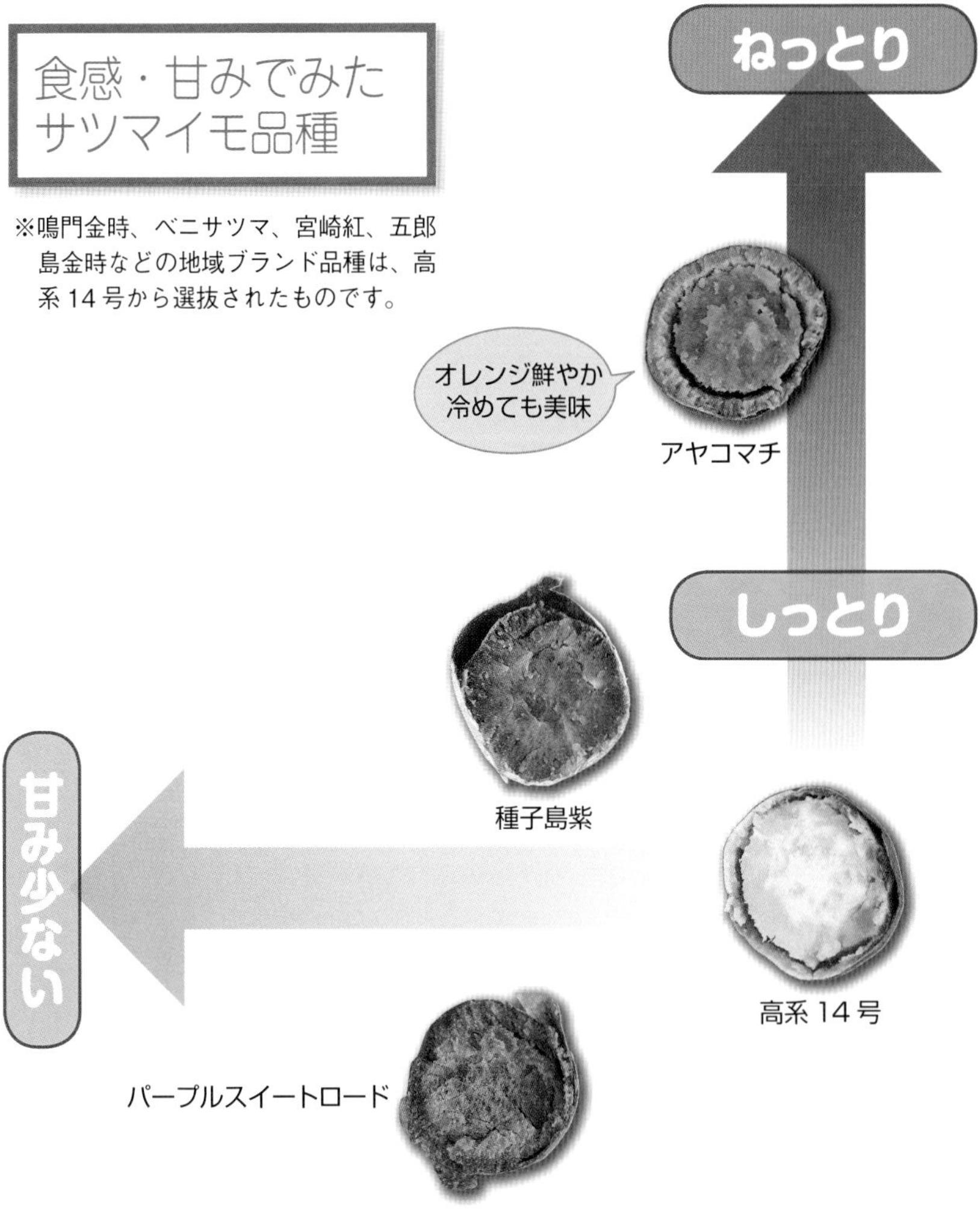

上の図はおおまかな分類です。一般にサツマイモは高デンプンで細胞密度が高いほど粉質（ホクホク）になりますが、粉質の品種でも貯蔵することにより、甘みが増し、肉質がしっとり、ねっとりしてきます。

（編集部注）最近人気のシルクスイート（カネコ）は、しっとり系で甘みの強い品種で、図中のべにはるかに近い。

よくわかる サトイモの品種

千葉県農林総合研究センター・鈴木健司

子イモ用品種

子イモと孫イモがよくできて、親イモは硬く味が悪いことから一般には食用に適さない。石川早生、土垂（善光寺、大和早生、大野在来、愛知早生）。蓮葉芋（フジ早生）、えぐ芋、黒軸。ぬめりタイプ。写真は石川早生

国内で広く栽培されているサトイモは、食用とする部位によって子イモ用品種、親子兼用品種、親イモ用品種の3つに分けることができます。

子イモ用品種は子イモや孫イモを利用する品種で、「土垂」「蓮葉《はすば》芋」「石川早生」「えぐ芋」「黒軸」（烏播《うーはん》など）の5品種群があります。親イモは小さく、子イモや孫イモが多いのが特徴です。

親イモ用品種は子イモや孫イモが肥大せず、親イモがよく肥大する品種です。「筍芋」品種群が含まれます。

親子兼用品種は両者の中間で、親イモの肥大もよく、子イモや孫イモも肥大します。「唐の芋」「八つ頭」「赤芽」

食べる部位からみ

親イモ用品種

子イモがあまりできず、おもに親イモを食べる。筍芋。ホクホクタイプ。写真は筍芋

親子兼用品種

親イモも子イモ、孫イモも食べる。赤芽、八つ頭、唐の芋(海老芋)。ホクホクタイプ。写真は赤芽のセレベス

(セレベスなど)の3品種群があります。

近年、公的研究機関による品種の育成が進み、「ちば丸」(千葉県)、「愛媛農試V2」、「媛かぐや」(以上、愛媛県)、「沖田香」(沖縄県)、「京都えびいも1号」(京都府)が品種登録されています(これらはいずれも育成府県内での栽培に限定)。サトイモは地域品種が多く、ブランド化が進んでいます。

ところで、サトイモは芽を上にして植え付け、生育に応じて培土を行なうのが基本です。しかし、全国では地域条件や品種により多様な栽培がされています。イモが長く種イモ形状のバラつきが大きい品種は、芽を上にすると浅植えとなり青イモの発生が多くなりますが、芽を横や下向き(逆さ植え)にすることで、植え付けの深さが揃いやすくなります。

なお、イモ群がコンパクトな早生品種なら高ウネのマルチ栽培も可能です。

日本のナスマップ

ナスの原産地はインド東部。日本へは中国、朝鮮、東南アジアと3つのルートで入ってきた。当初は紫、緑、白と、いろんな色の品種が入ってきたが、みんなが好んで紫を残したので、「ナスといえば紫」が定着したようだ。

米ナス系

明治期に導入された、欧米系の品種。ヘタは緑色。果皮は、光がないと紫にならない日本の地ナスと違って、暗所でも着色する

卵ナス系

果実は白色で小型の卵形か球形。果皮にはアントシアニン色素がなく、表面に厚いクチクラ層ができるので、皮が硬い。江戸時代から観賞用として栽培されてきた。

ちなみに、アントシアニンもクチクラ層も発生しないと表皮は緑色になる

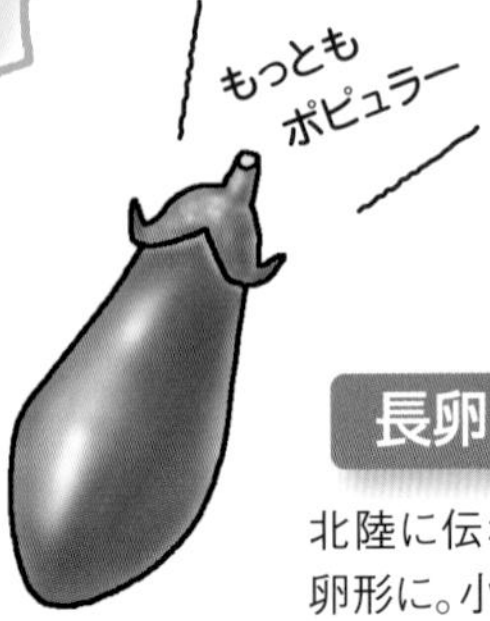

長卵、中卵系

北陸に伝わった丸ナスが関東で卵形に。小型化しながら東北へ

参考：『農業技術大系 野菜編 第5巻』『そだててあそぼう② ナスの絵本』（農文協）

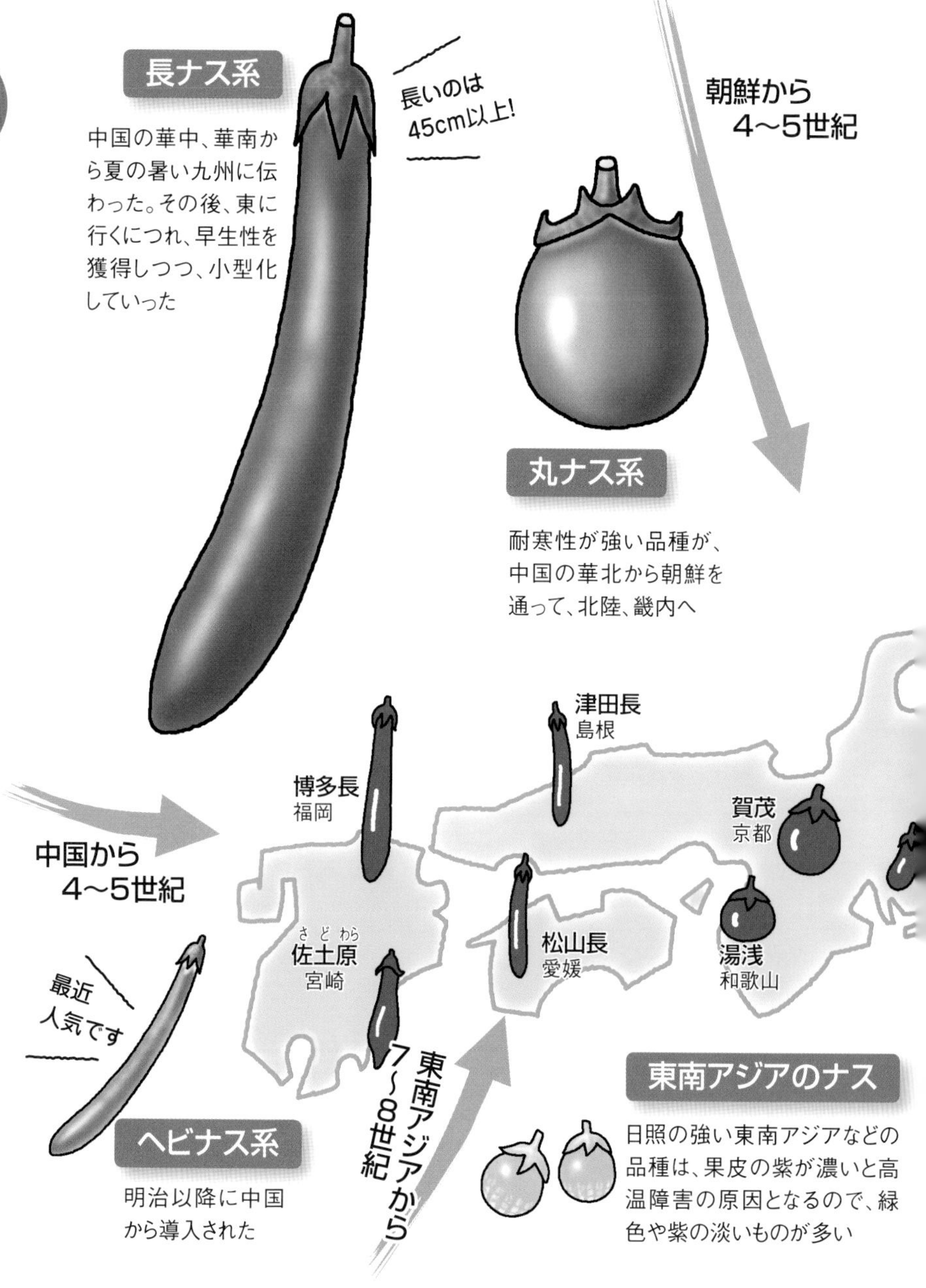
長ナス系
中国の華中、華南から夏の暑い九州に伝わった。その後、東に行くにつれ、早生性を獲得しつつ、小型化していった
長いのは45cm以上!
朝鮮から
4〜5世紀
丸ナス系
耐寒性が強い品種が、中国の華北から朝鮮を通って、北陸、畿内へ
津田長
島根
博多長
福岡
賀茂
京都
中国から
4〜5世紀
佐土原《さどわら》
宮崎
松山長
愛媛
湯浅
和歌山
最近人気です
東南アジアから
7〜8世紀
東南アジアのナス
日照の強い東南アジアなどの品種は、果皮の紫が濃いと高温障害の原因となるので、緑色や紫の淡いものが多い
ヘビナス系
明治以降に中国から導入された

イタリアのナスマップ

最近、日本でもじわじわと来ているイタリアンナス人気。
本場、イタリアのナス事情とは？

カプリス
Caprice ㊟気まぐれ（フランス語）
紫色の出方が気まぐれだから？

トンダ・ビアンカ
Tonda Bianca ㊟丸い白

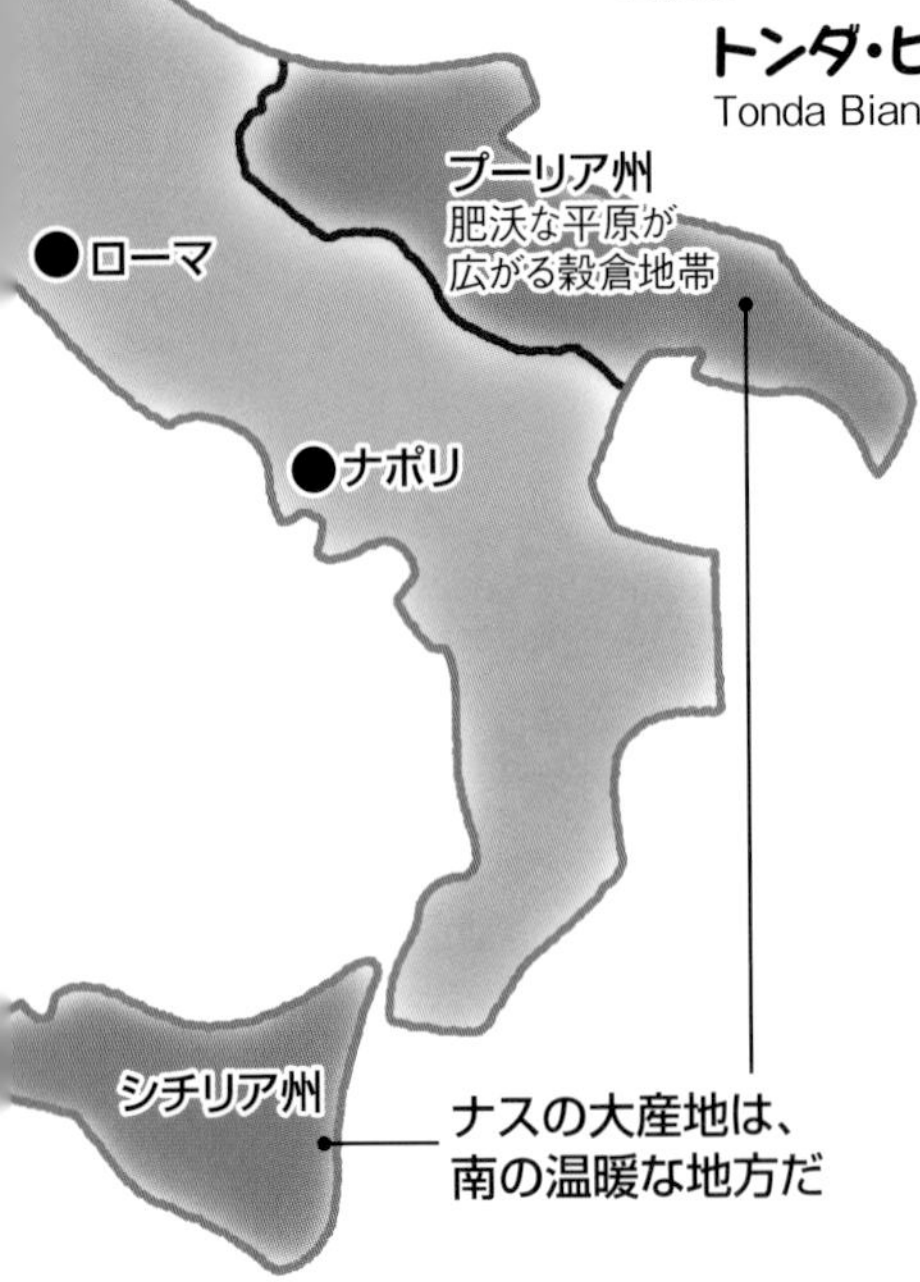

ナスの大産地は、
南の温暖な地方だ

●ヨーロッパでの生産、消費王国●

ナスの原産はインドだけに、アジアでよく食べられる野菜だ。が、ヨーロッパでは、スペインとともに、イタリアでの生産量がだんとつに多い。人口で割ると日本の1.4倍にもなる

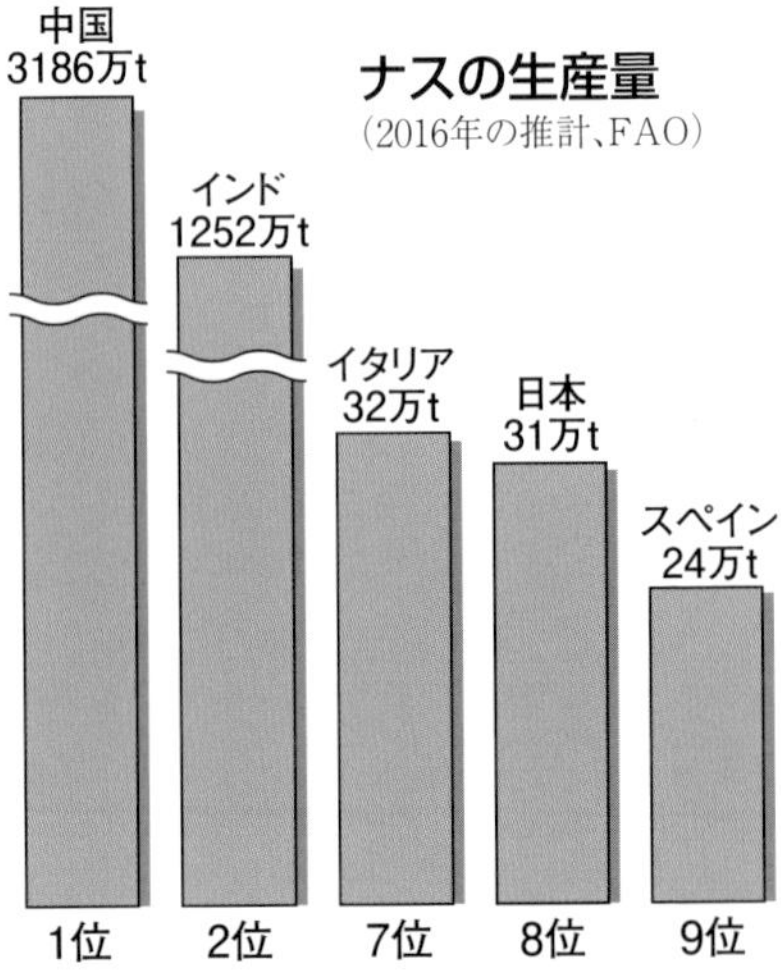

3〜6位は、エジプト、トルコ、イラン、インドネシア。ヨーロッパのその他の国では、オランダが28位で5万t、フランスが34位で3万t

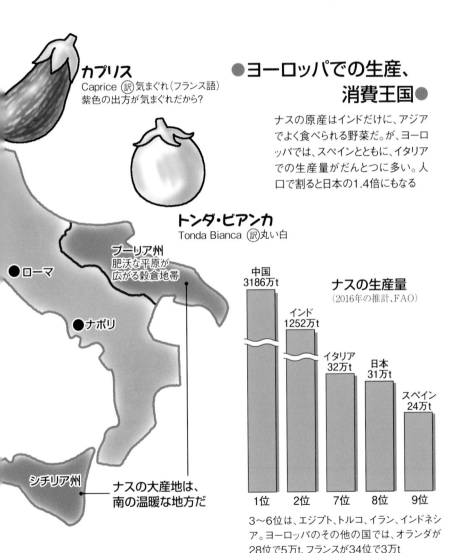

●日本でタネが買えるおもな品種●

クララ
Clara ㊟クララ
F_1品種。白肌がきれいな
イタリアの聖女の名前から?

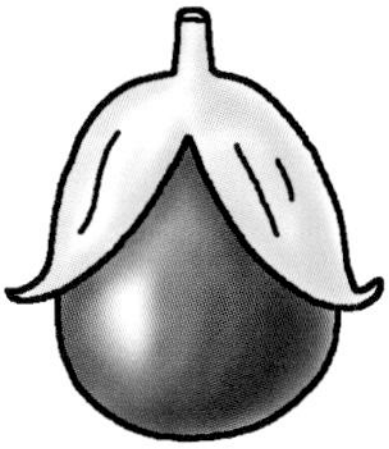

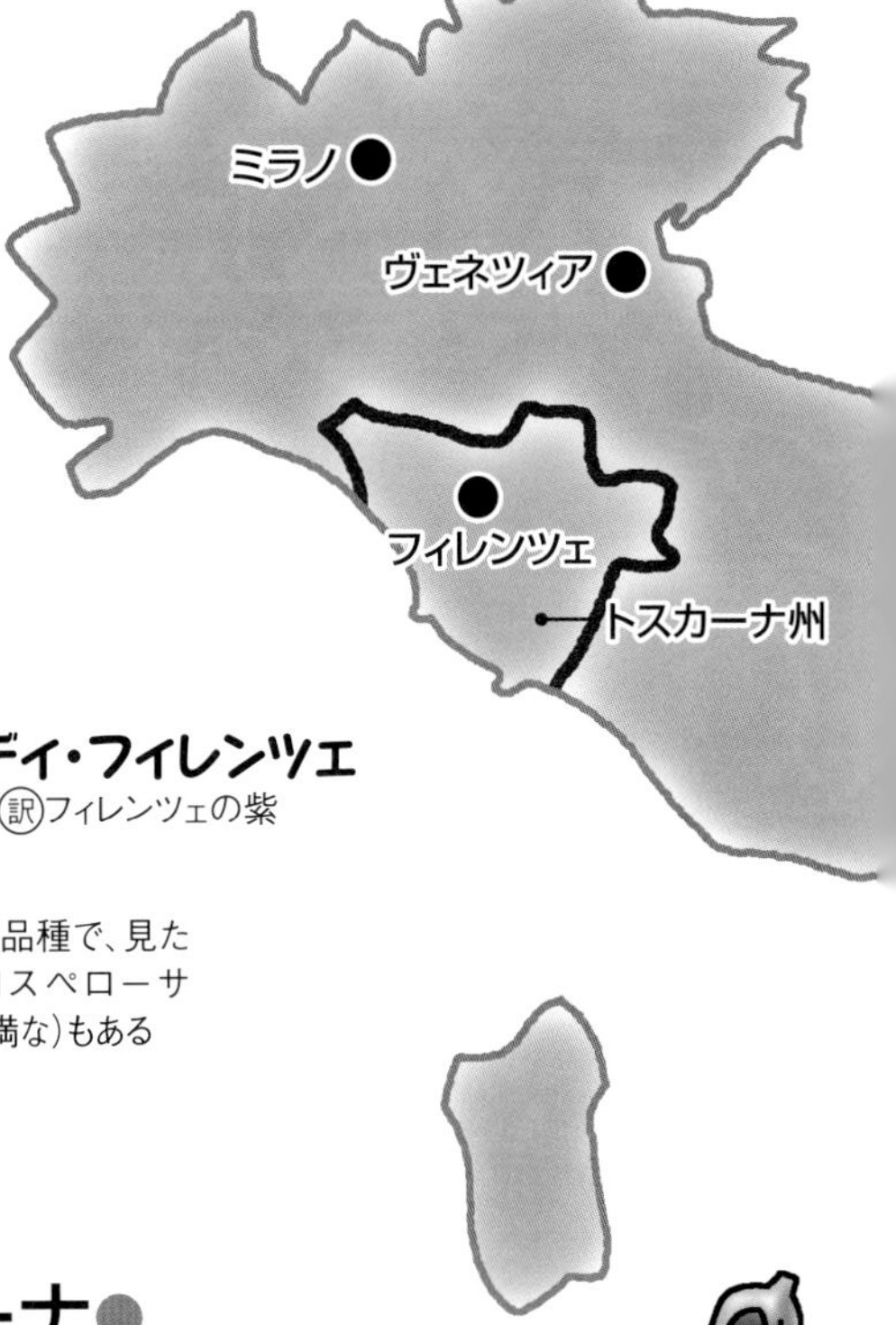

ロッサ・ビアンカ
Rossa Bianca ㊟赤と白

ヴィオレッタ・ディ・フィレンツエ
Violetta di Firenze ㊟フィレンツェの紫

トスカーナ地方の伝統品種で、見た目がそっくりな、プロスペローサ(Prosperosa ㊟豊満な)もある

●イタリア語でナスはメランザーナ●

イタリアにナスがやってきたのは、13世紀。アラブの商人によってもたらされたが、当初は「不出来のリンゴ」と呼ばれ、嫌われていた。ナスのイタリア語「メランザーナ(melanzana)」の語源は、“mala insana”(精神を混乱させ、狂気に陥らせる)から来ているとも

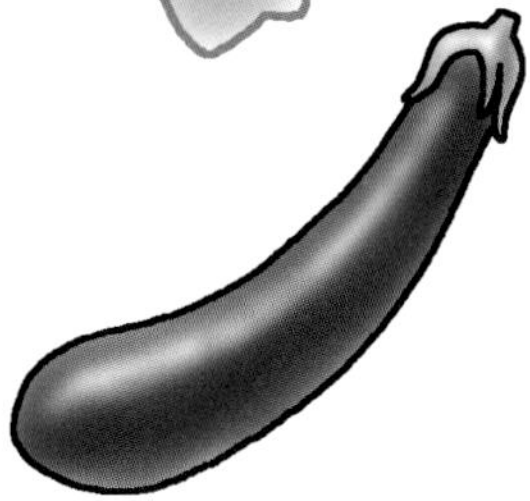

ヴィオレッタ・ルンガ
Violetta Lunga ㊟長くて紫

世界を旅したピーマンの仲間

ピーマンの生まれは中央・南アメリカ。トウガラシが世界中を旅しながら、各地でシシトウやパプリカ、ピーマンに変身を遂げたのだ。

オギャー
「インド」で「コショウ」を見つけたぜ

北アメリカで大型化しピーマンに

北アメリカではトウガラシのうち、辛みがなくて大型のものを選抜し、ベル形のピーマンとして育種。明治時代になって、日本にも持ち込まれた

コロンブスの勘違いでヨーロッパへ

15世紀。コショウを求めてインドを目指したコロンブスは、アメリカ大陸に到着。現地で栽培されていたトウガラシを、コショウと勘違いしてヨーロッパに持ち帰った

ピーマン パプリカの豆知識

粉末パプリカは
ハンガリー料理に
欠かせない調味料よ

「パプリカ」はハンガリー語

ヨーロッパに渡ったトウガラシはハンガリーやスペインで品種改良され、辛みのない赤、黄色、オレンジ色のものを「パプリカ」（ハンガリー語）と呼ぶようになった。現在のパプリカはヨーロッパの品種と、アメリカのベル形ピーマンを、オランダでさらに掛け合わせたもの

日本で生まれた中型ピーマン

16世紀。日本にもトウガラシが伝わり、辛くない甘トウガラシ類（シシトウや伏見甘長）が栽培されていた。それらと、アメリカから来た大型ピーマンを掛け合わせたのが、現在一般的な中型ピーマン

色も形も大きさもいろいろ

世界中を旅したピーマンは今、色も形も大きさもいろいろに。

全部で9色

果色のバラエティーは現在、赤・黄・黒(濃い紫)・白・茶・紫・緑・薄緑・オレンジの9種類。色によって、含まれる健康機能性に違いがある。一般的に、緑以外をカラーピーマンと呼ぶ

※ベストクロップで各色のパプリカ品種のタネを販売

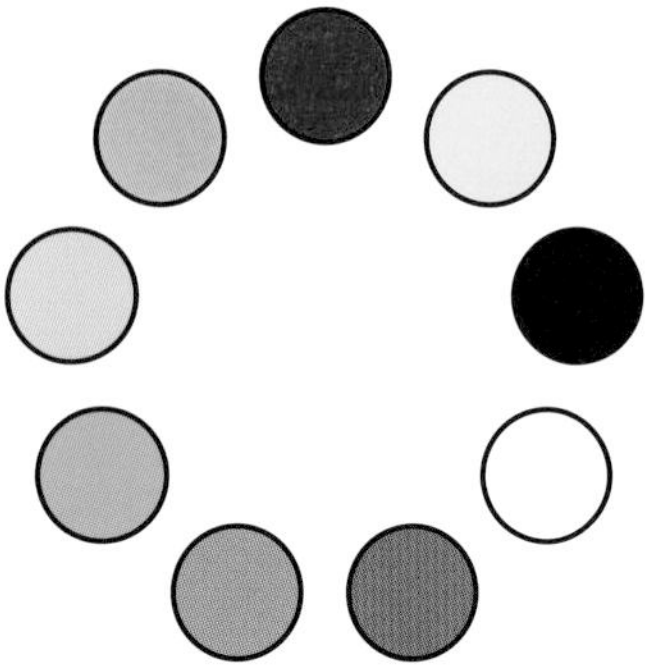

形の5分類

カラーピーマンは特徴別に5つに分けることができる。ちなみに、「ピーマン」はナス科トウガラシ属の植物で、辛みのないトウガラシ(甘味種)の総称。パプリカもシシトウも、ピーマンの一種

2 ジャンボピーマン

やや長いベル形の果実(獅子形)で、果肉の厚さは中程度。120g程度

(写真提供:タキイ種苗)

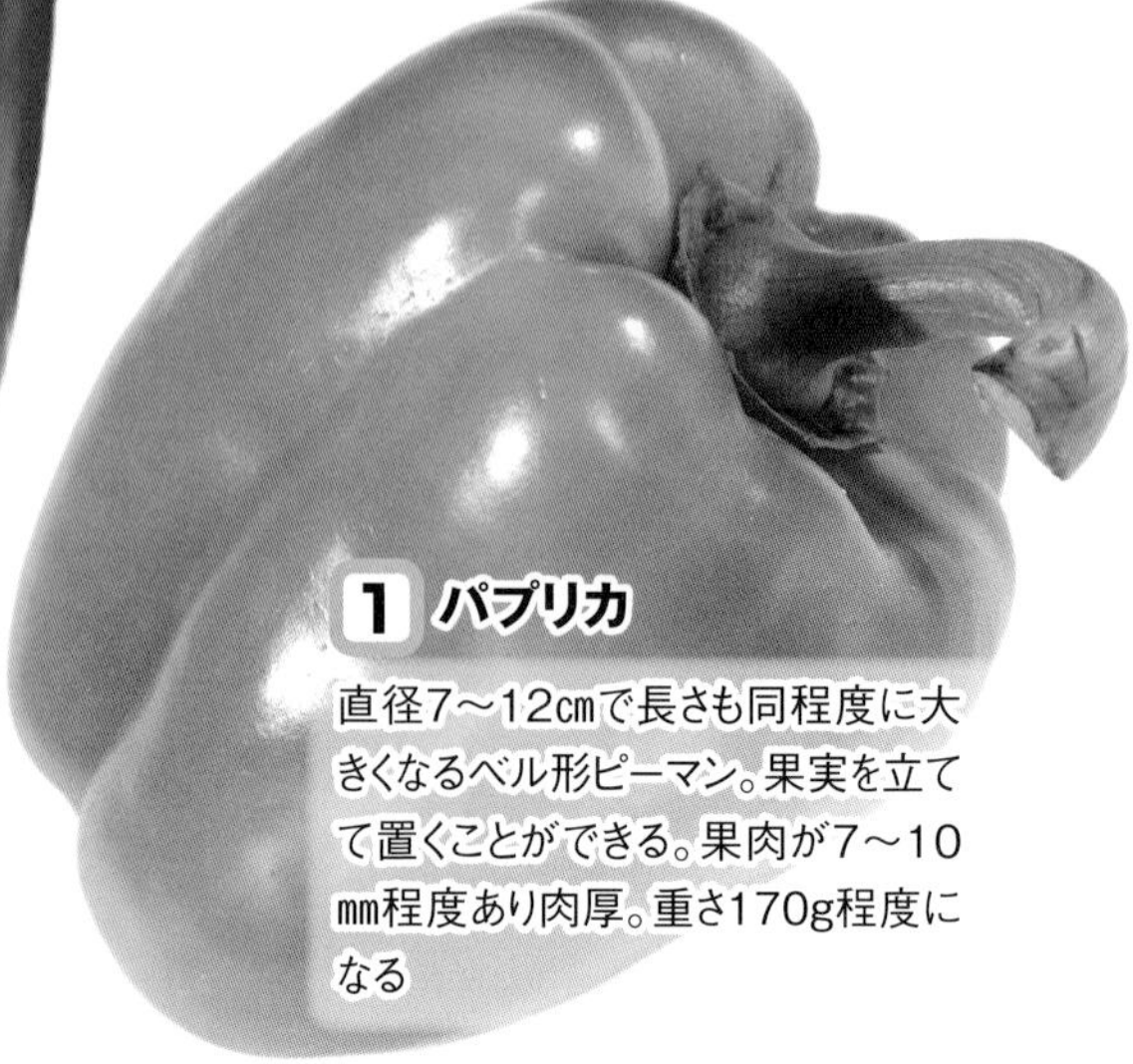

1 パプリカ

直径7～12㎝で長さも同程度に大きくなるベル形ピーマン。果実を立てて置くことができる。果肉が7～10㎜程度あり肉厚。重さ170g程度になる

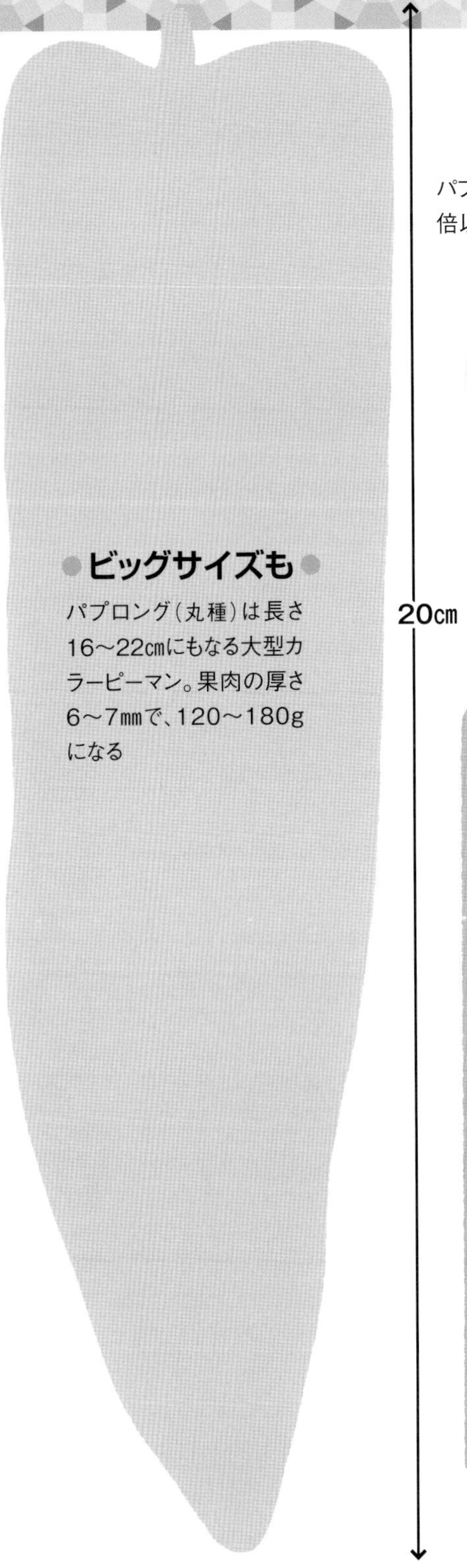

ビッグサイズも

パプロング（丸種）は長さ16～22㎝にもなる大型カラーピーマン。果肉の厚さ6～7㎜で、120～180gになる

肉厚度比べ

パプリカ（下左）の果肉の厚みは5㎜と、普通のピー
倍以上。この肉厚がおいしさと栄養の源（依田賢吾

3 トマトピーマン

トマトのようにやや扁平の球形果実。果重は50～150gとさまざまで、高糖度で肉厚。別名「フルーツパプリカ」

4 小型ピーマン

緑の中型ピーマンをベースに育種された品種が多い。80gまでの小～中型で、果形は獅子形

5 くさび型ピーマン

先端が尖った果実（牛角形）。60～100gになる品種が多い

トウガラシの品種いろいろの話

松島憲一（信州大学）

トウガラシは5つに分けられる

トウガラシは偉大だ。原産地・中南米からアジアに伝わって、たった500年しかたっていないのにもかかわらず、各国の食文化に無くてはならないものになっている。トウガラシ抜きで韓国キムチ、四川麻婆豆腐、インドやタイのカレーなど語れるだろうか？

このように、世界に広まった偉大なトウガラシも、日本人が知っているのはほんのその一部分でしかなく、分類学的には、以下のような5つの栽培種が存在するとされている。私はトウガラシ研究者（兼、愛好家）として、このようなさまざま

世界でもっとも広く栽培されている。鷹の爪をはじめとした日本のほとんどの品種もこれに入る。まったく辛みのないピーマン、パプリカもじつはトウガラシなのであるが、これらは遺伝的に辛み成分・カプサイシンを産生する能力を完全に欠いた品種である。また、シシトウ、万願寺や伏見甘長など野菜用品種もこの種であるが、こちらはピーマンとは異なり、辛み成分を産生する能力を遺伝的に持っている。このため、栽培時にストレスがかかると異常な辛みを持つ果実ができることがある。

比較的小粒で辛い果実が上向きにつくことが多く、成熟すると果実がガクから脱落しやすいとされるが、その度合いは品種、系統による。中南米と熱帯・亜熱帯アジアに分布し、沖縄の島トウガラシやタイの小型激辛トウガラシ（プリック・キーヌー）もこの種に入る。

某スナック菓子の影響で有名になったハバネロはこの種に属する。この種のトウガラシはおもに中南米とアフリカ（一部熱帯アジア）に分布している。ちなみに世界一辛いとされたハバネロも、その後、ギネス記録が更新され現在第５位に下落している。

南米でのみ栽培されているはずのこの種を最近、農家の畑でも見かけることがある。どうもこの種のうちUFO形の変わった果実のものが観賞用として栽培されているようだ。

種子が真っ黒なのが特徴。この種は原産地アンデス地方ではロコトと呼ばれ、辛みが強いがピーマンのように果肉も厚く、世界で一番おいしいトウガラシという人もいる。

なトウガラシをもっと知ってもらい、見て楽しい、食べてうま辛いトウガラシを育て楽しむ、そんな豊かなトウガラシライフを読者の皆さんに提案したい。

日本を代表するトウガラシ品種「鷹の爪」

トウガラシの5分類

トウガラシの仲間
（ナス科トウガラシ属
（*Capsicum* 属））

- **カプシカム・アニューム** *C.annuum*

花は白い

- **カプシカム・フルテッセンス** *C.frutescens*
- **カプシカム・シネンセ** *C.chinense*

花はどちらも薄緑色だが、フルテッセンスは花びらが反る傾向がある

- **カプシカム・バカタム** *C.baccatum*

花に特徴的な斑点がある

- **カプシカム・プベッセンス** *C.pubescens*

花は紫色

品種を調べるには花の特徴を見ます

激辛ブームで栽培急増!?　世界のトウガラシ

私が世界で見て、食べて、
涙したトウガラシたちです。
どうぞ

（種苗メーカーは編集部しらべ）

プリック・キーヌー（つる新種苗）

タイの小型激辛トウガラシ。プリック・キーヌーは日本語に訳せばその形から「ねずみの糞唐辛子」となる。タイ人はこのトウガラシをこよなく愛しており、タイ料理には欠かせないトウガラシとなっている

トウガラシ豆知識

青い実、赤い実、どっちが辛い？　　編集部

松島先生によると、トウガラシはどんな品種でも未熟果は青く(おもに緑色～黄緑色、黄白色の場合も)、成熟すれば必ず赤く（品種によっては黄色または橙色に）なる。この過程で、辛み成分のカプサイシン含量は、果実が大きくなるにつれて増え、もっとも大きくなったところで最大となり、成熟するにつれてまた減っていく。つまり、果実がいちばん大きくなった、赤くなる直前がいちばん辛いのだそうだ。

トウガラシの辛みイメージ

島トウガラシ（フタバ種苗ほか）

日本でも沖縄などで栽培。泡盛に漬け込んだ調味料「コーレーグース」が有名

タバスコ（フタバ種苗）

タバスコペッパーソースの原材料。成熟すると明るい朱色のきれいな色になる

ハバネロ（つる新種苗、日光種苗など）

このハバネロのうち「レッド・サヴィーナ」という品種が、長らく世界一辛いトウガラシとしてギネスブック上に君臨していたが、次々と新品種に記録が塗り替えられている

（編集部注：2019 年のギネス公式では、世界 1 位が「ドラゴンズ・ブレス・チリ」、2 位「キャロライナ・リーパー」、3 位「トリニダード・モルガ・スコーピオン」、4 位「ブート・ジョロキア」、5 位「ハバネロ」）

ロコト

果実はリンゴ形のものから、それより少し長いものまでさまざま。果肉には厚みがあり、果実表面は甘みがあっておいしいが、内部の空洞に到達すると強い辛みを感じることになる。暑さに弱いなど日本での栽培が難しいとされ、われわれの研究室で日本での栽培に向けて目下研究中である

トウガラシの辛み比べ

どこが辛い？

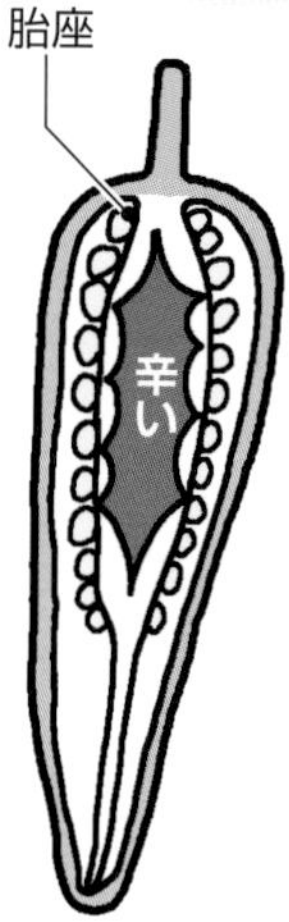

生のトウガラシは実（果肉）でもタネでもなく、中心部分のワタ（胎座）が辛い。ただし乾燥したトウガラシは胎座が中でボロボロに崩れてタネや果肉にこびりつくので、全体的に辛くなる

辛み成分にもいろいろ

トウガラシに含まれるおもな辛み成分は以下の3つ

カプサイシン（46〜77％）
ジヒドロカプサイシン（21〜40％）
ノルジヒドロカプサイシン（2〜12％）

カプサイシンはシャープな辛みで、ジヒドロカプサイシンは後まで残る辛みといわれる。また最近は、辛くないのにカプサイシン同様の健康効果があるカプシエイトという成分が注目されている。これらの辛み成分の総称をカプサイシノイドという

● 品種別辛み成分量 ●

※乾物1g当たりのカプサイシノイド含量（μg=マイクログラム）

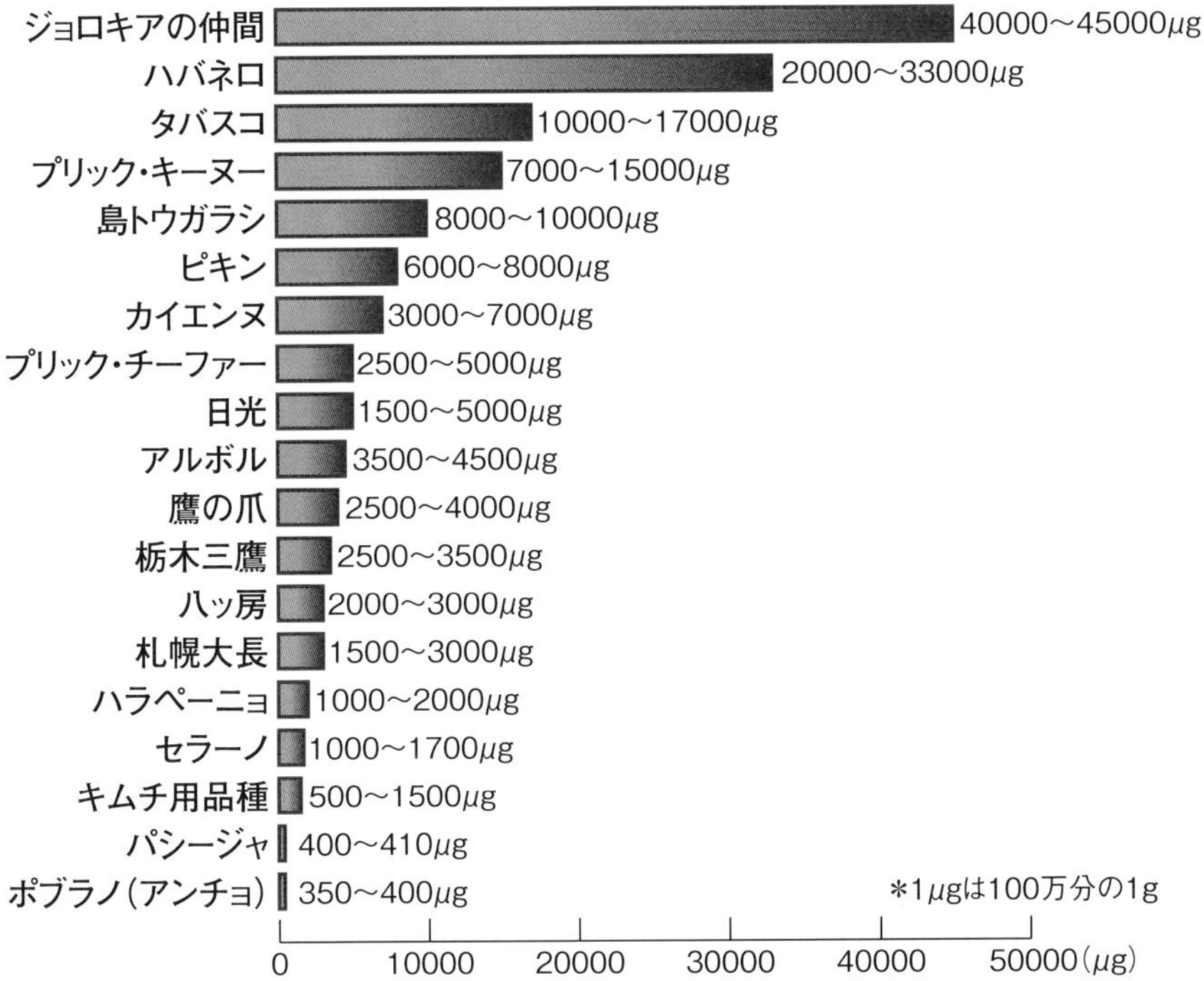

しびれる辛さの
ブート・ジョロキア
（完熟した果実）

カボチャの品種 早わかり

日本で栽培されるおもなカボチャは、セイヨウカボチャ、ニホンカボチャ、ペポカボチャの３つの系統に分かれる。各系統を交配した種間雑種もある。各系統のなかから、特徴ある品種の一部をご紹介。

ホクホクで甘い

セイヨウカボチャ

現在日本で生産・流通されている品種の多くがセイヨウカボチャ。各メーカーから F_1 品種も数多くつくられている。南米アンデス高山地帯が原産地で、冷涼な気候を好み、病気やウイルスにやや弱いものもある。日本には明治時代に導入された。肉質はホクホクとした粉質で、甘みの強いものが多い。追熟で甘さが増す。デンプンの多い品種ほど長期貯蔵に向く。

えびす（タキイ）

広く栽培されている黒皮栗種の代表的品種

白い九重栗（カネコ）

白皮品種はデンプンが多く長期貯蔵できるものが多い

コリンキー
（サカタ）

幼果を生食する珍しいサラダカボチャ

アトランチック・ジャイアント
（タキイ）

大きさコンテストでおなじみ。１個 50 ～ 100kgにもなる

参考：『農業技術大系　野菜編』ほか。
＊印の写真は『おいしい彩り野菜のつくりかた』（農文協）より

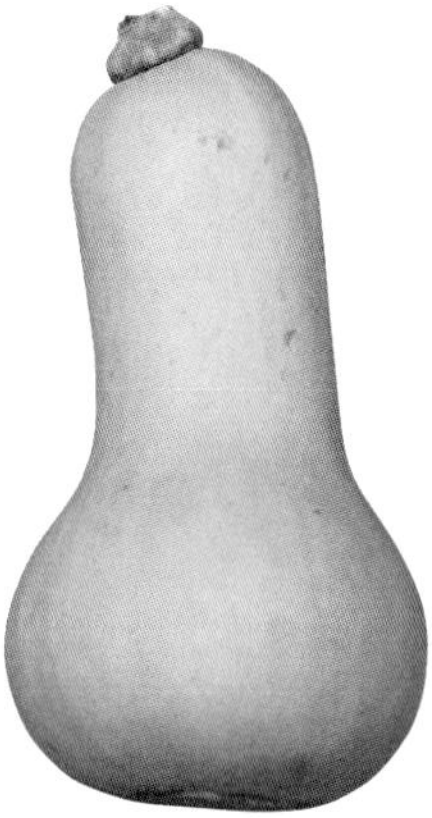

暑さや病気に強くて育てやすい
ニホンカボチャ

原産地はメキシコ南部から南米北部の高温地帯。低温に弱く高温ではよく育つ。日本には室町時代にポルトガルから伝来し、多くの地方品種が生まれた。ウドンコ病、疫病、ウイルスに強いものが多い。肉質はしっとりした粘質で甘みが少ないが、煮崩れしにくく、煮物に向く。

バターナッツ
繊維質が少なく
ポタージュ向き

大和小菊南瓜 (大和農園)
奈良県の伝統品種。上から見ると
菊の模様にみえる

島カボチャ
(フタバ種苗)
沖縄の在来種。
暑さや病害虫に
強く収量も多い

個性派揃い
ペポカボチャ

原産地は北アメリカで、涼しい気候を好む。日本には明治末～大正前期に中国から金糸瓜が導入されたのが始まり。ズッキーニや、種子食用の無種皮品種もこの系統。

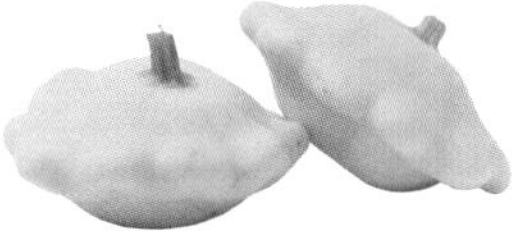

UFO ズッキーニ *

人気上昇中

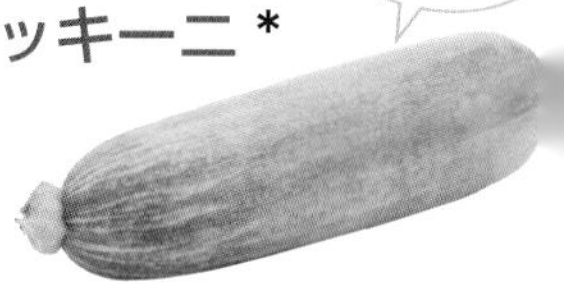

韓国ズッキーニ *
ツル性のズッキーニ。皮が薄く
甘みもある。韓国の母の味

金糸瓜
(そうめんカボチャ)*
ゆでて果肉をほぐすと、そうめん状になる

種間雑種もおもしろい

- **万次郎カボチャ** (ニホン×セイヨウ、片山種苗)
  世界一収穫量の多いカボチャとしてギネス公式記録に認定。1株当たり 400 個収穫の記録もある
- **プッチィーニ** (ペポ×セイヨウ、サカタ)
  黄色にオレンジ色の線ががわいい、手のひらサイズのカボチャ
- **新土佐** (別名「鉄かぶと」、セイヨウ×ニホン、福種)
  生育旺盛で多収。キュウリの台木にも使われる

トウモロコシの体のしくみ

私はドクターコーン。トウモロコシの体のしくみを知ると、栽培するのが楽しくなります。今回はそのポイントを伝授しましょう。題して「ここは押さえておコーン!」。

コーン博士

雄穂と雌穂はいつできる?

雄穂は本葉5～5.5枚、雌穂は本葉7～8枚の頃に花芽分化する。雌穂が分化した時点で実の粒数は決まる。だから、その少し前の本葉5～6枚の頃にチッソやカリを中心とした追肥をすると、株が大きくなるだけでなく、粒数の多い実になる

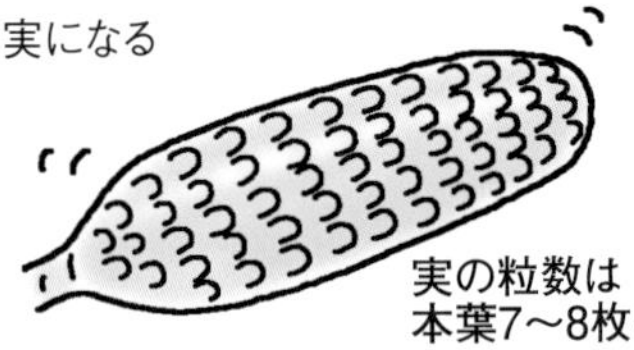
実の粒数は
本葉7～8枚の頃に決まる

受精は雄穂開花の1～2日後

雄穂が出始めて3～4日で開花し、その1～2日後に雌穂からひげ(絹糸)が出て受精する。このときに肥料と水の要求量が高まるので、雄穂が出始めたらチッソやカリを中心とした追肥をして、たっぷり水をやるのがポイント。ここから最後まで水分を切らさないようにすると、実は確実に大きくなる

雌穂はどこにつく?

品種によって雌穂がつく位置は少し違う。早生タイプ(80日)は下のほう、中生タイプ(90日)は上のほうにつくことが多い。最初の穂(一番穂)がついた後、1枚下の葉(節)に二番穂がつく。激しいストレスがかかっているか、よほど樹が元気な場合は、さらにその下に三番穂がつく

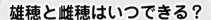

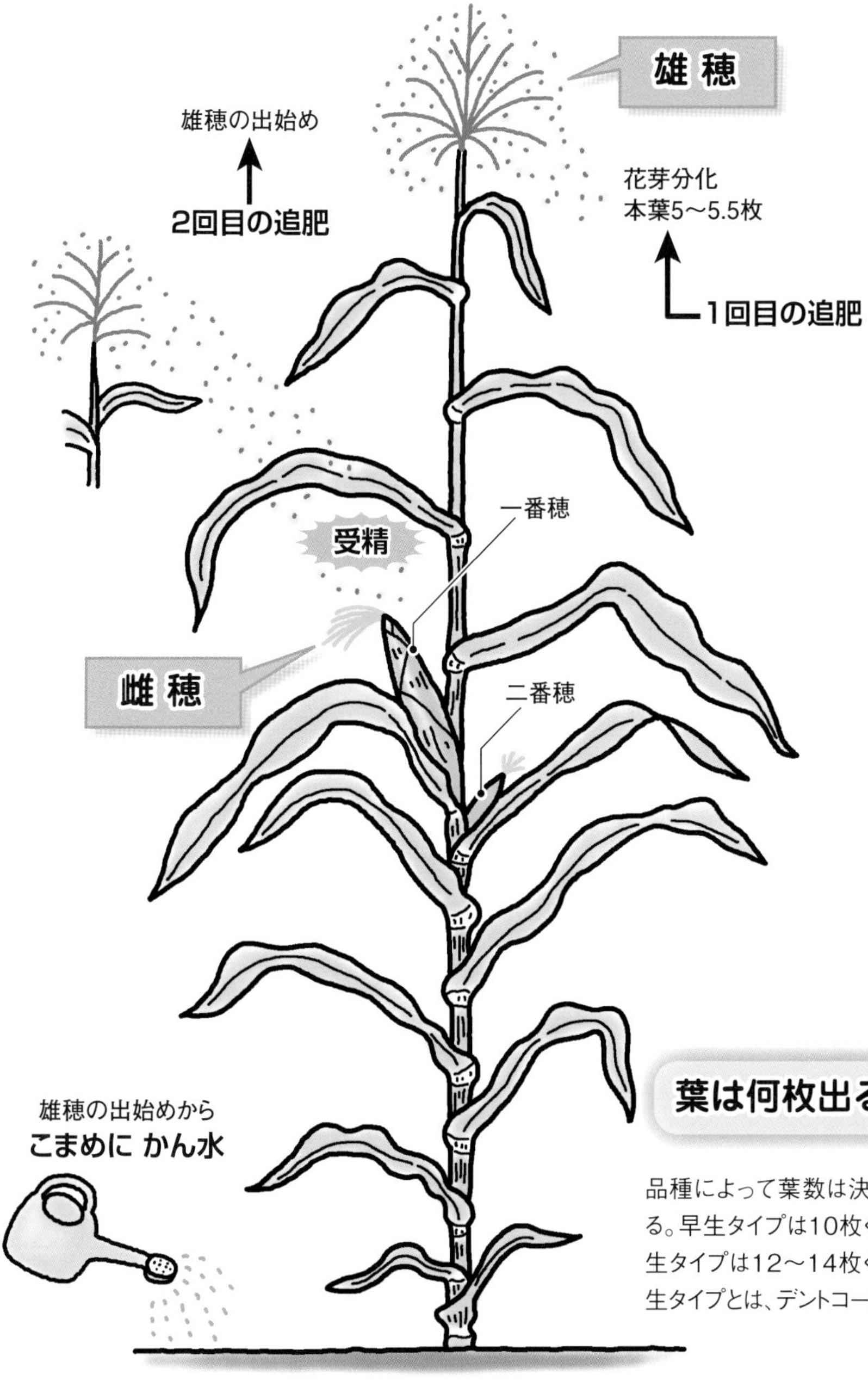

葉は何枚出る？

品種によって葉数は決まっている。早生タイプは10枚くらい、中生タイプは12〜14枚くらい（晩生タイプとは、デントコーンなど）

光合成能力がもっとも高いのは雌穂の下の葉

雌穂（一番穂）のすぐ下の葉は、葉面積が大きく、光合成能力がもっとも高い。実を太らせる働きが一番大きい。作業するときに、この葉を傷つけると、実が小さくなったり、甘みがのらなくなったりする

実を太らせる
この葉が大事
頭に入れておコーン！

除けつは必要なさそう

前は、わき芽（分けつ）を取ればムダな養分が使わずにすむといわれてきた（これを「除けつ」という）。で最近は、わき芽が光合成してつくった養分が親茎に回って効率よく実を肥大させるし、わき芽があるほう倒伏しにくいこともわかってきた。だから今はやらなほうがいいというのが主流。ただ、除けつをすると収穫までの日数が若干早まる」という農家もいる

わき芽
わき芽

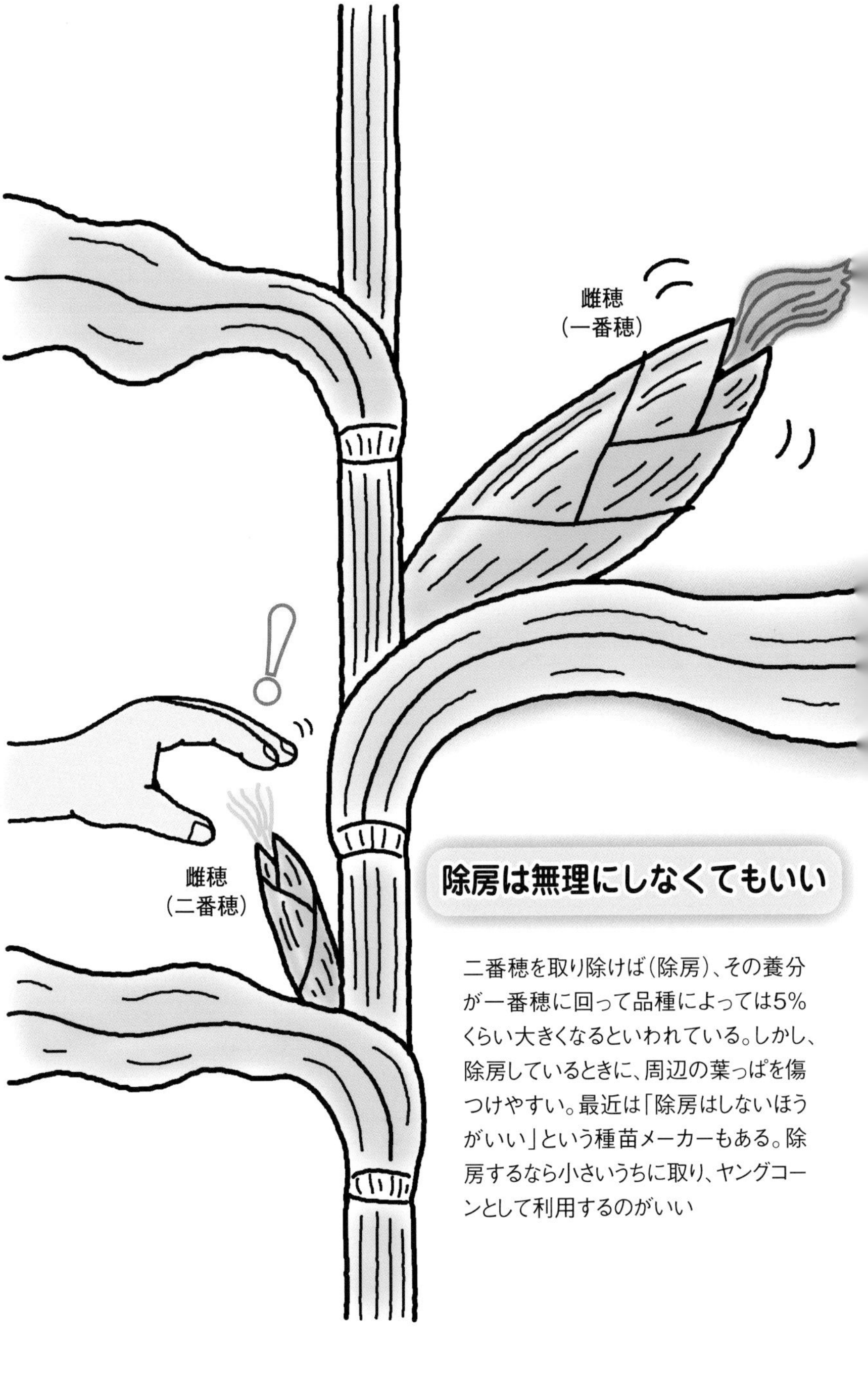

除房は無理にしなくてもいい

二番穂を取り除けば（除房）、その養分が一番穂に回って品種によっては5%くらい大きくなるといわれている。しかし、除房しているときに、周辺の葉っぱを傷つけやすい。最近は「除房はしないほうがいい」という種苗メーカーもある。除房するなら小さいうちに取り、ヤングコーンとして利用するのがいい

収穫適期は
雌穂のひげが出てから20日前後

スイートコーンは、収穫が遅れると実が硬くなって味が落ちてしまう。収穫適期を知るには、雌穂のひげ（絹糸）が出た日をメモしておくといい。ひげが圃場の8割の株に出た日を1日目として、20日目前後が収穫適期の目安。その頃に、先端までの実入りを確かめてから収穫すれば間違いない

実際には積算温度が関係してくるので、地域や作型によって収穫までの日数は変わる

ひげが出てから収穫までの目安

地域	早出し作型	普通作型	遅出し作型
寒地	20～25日	20日	25～30日
中間暖地	20～25日	15～20日	20～25日

種類によって実のデンプン形態は違う

トウモロコシの原産地はアメリカ大陸。多くの種類があり、実の形やデンプンの形態がそれぞれ違う。スイート種は糖質で覆われていて、改良によりどんどん甘くなっている

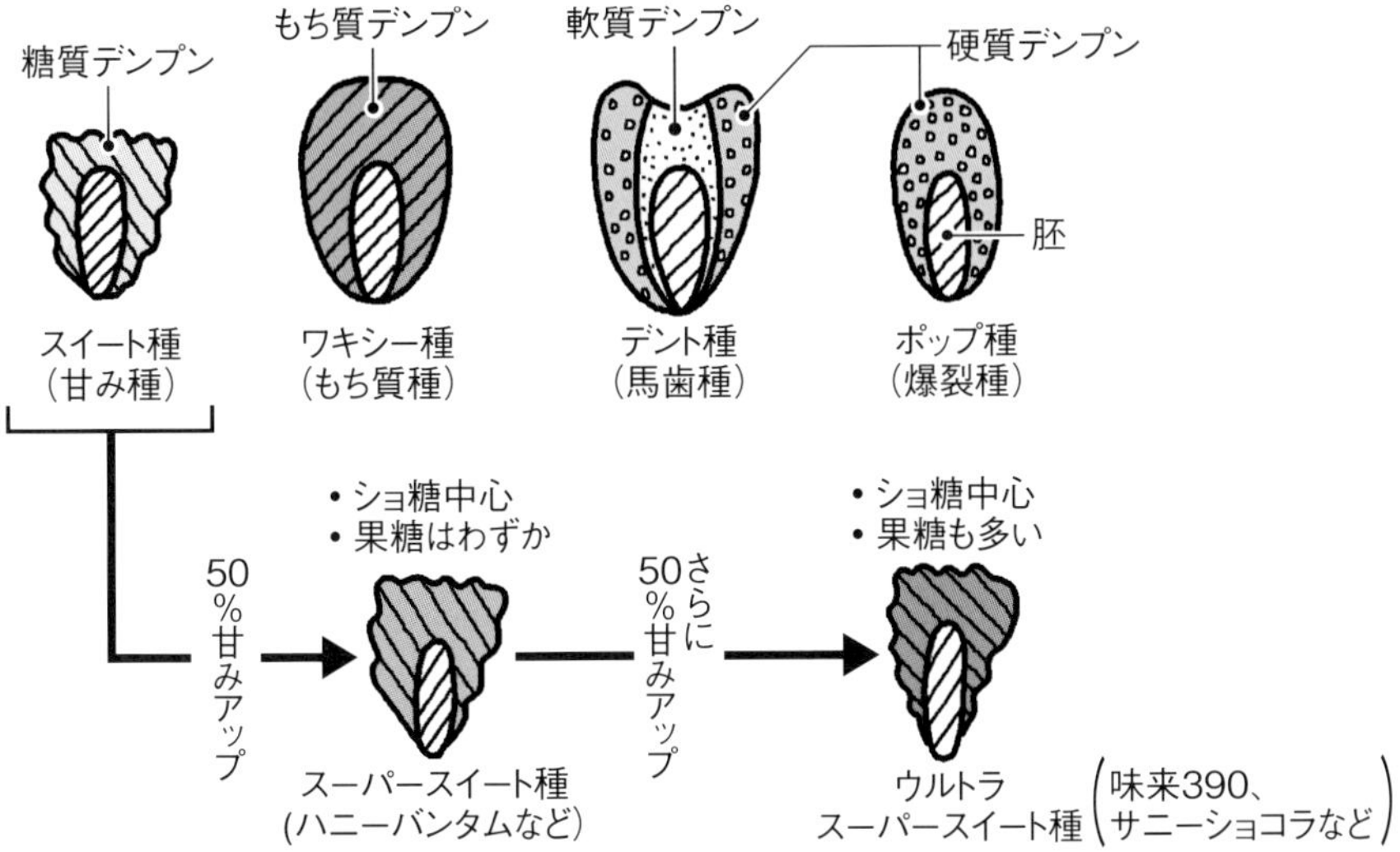

キセニア現象には注意

別の種類の花粉がかかってしまうと、できた実の味や素質が変わってしまう（キセニア現象）。例えば、スイートコーン（スイート種）にデントコーン（デント種）の花粉がかかると、デントコーンの味が混じって甘みがなくなってしまう。出荷できなくなるので、デントコーンがある地域でスイートコーンをつくるときは、300〜500m以上は離れた場所で栽培したほうがいい

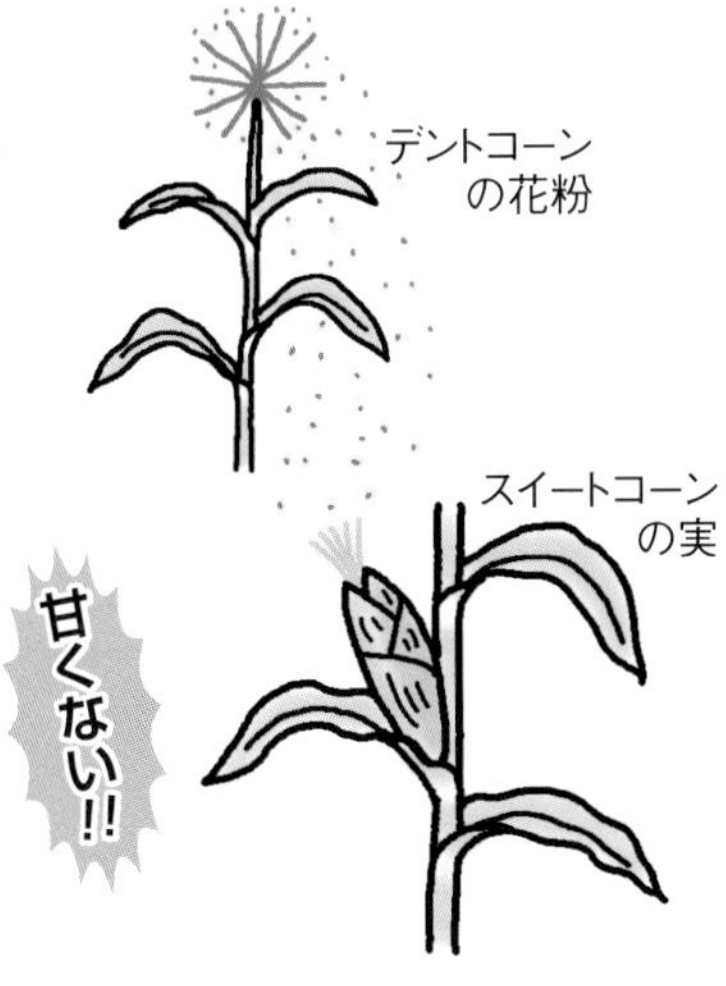

トウモロコシの早出し・遅出しと品種の早晩性

早生タイプと中生タイプ どこが違う？

協力・タキイ種苗

早晩性	早生タイプ ←→ 中生タイプ			
	極早生	**早生**	**中早生**	**中生**
熟期	80～83日	84～85日	86～87日	88～90日
品種	ランチャー82 ワクワクコーン82 味来風神3	カクテル84EX おひさまコーン ミルフィーユ	味来390 ゴールドラッシュ86 サニーショコラ	キャンベラ90 ミルキースイーツ88 おおもの

※スイートコーンに晩生品種はない

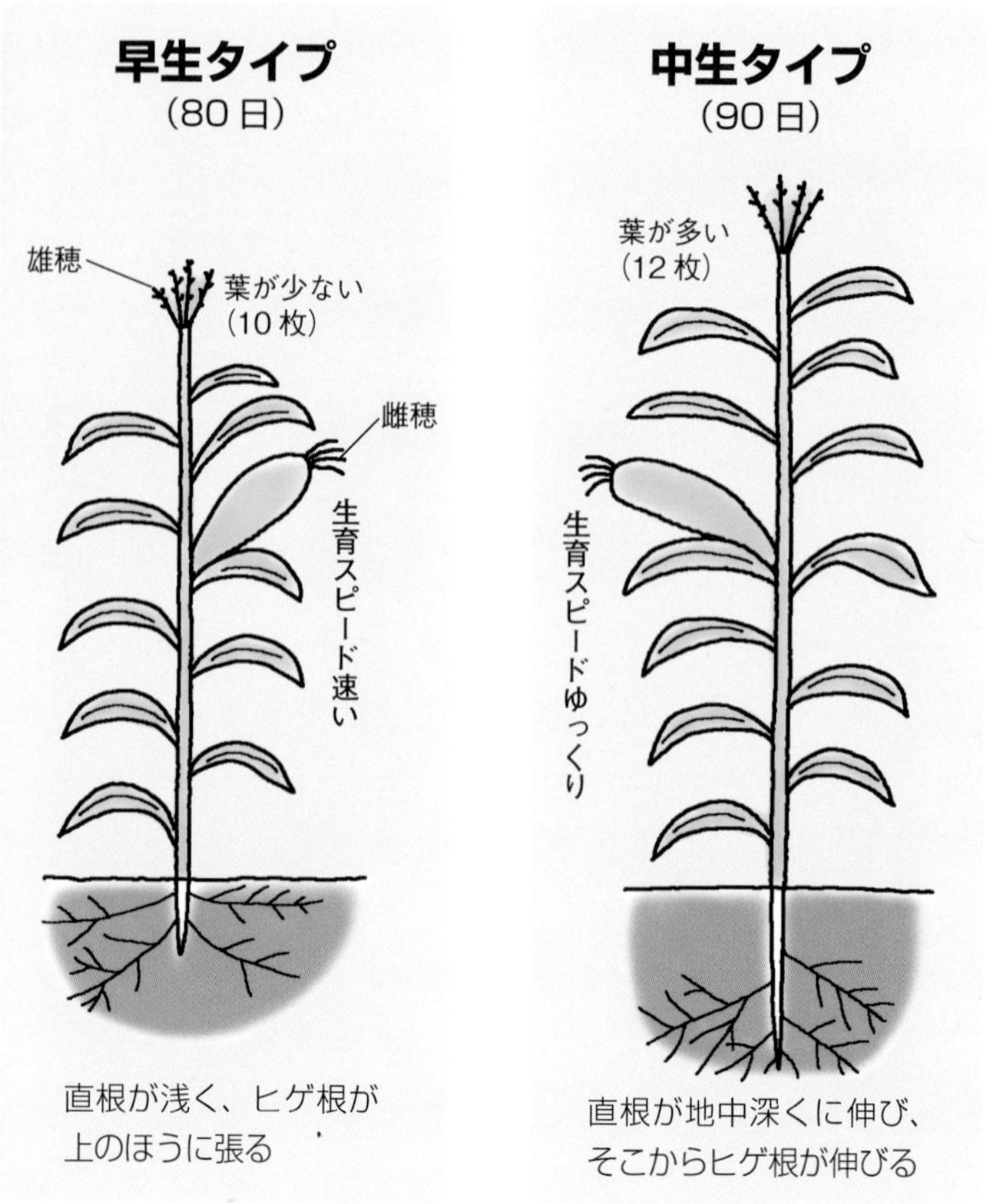

春の早出しには早生タイプ、秋の遅出しには中生タイプを

〈花芽分化の時期〉

雄穂　……………　葉数５〜5.5枚頃

雌穂　……………　葉数７〜８枚頃

播種から１カ月前後で花芽分化（幼穂形成）するが、早生になるほど、その時期は早まる

〈遅出しには花芽分化するまでに株がしっかりできていることが大事〉

両タイプを７〜８月に播くと…

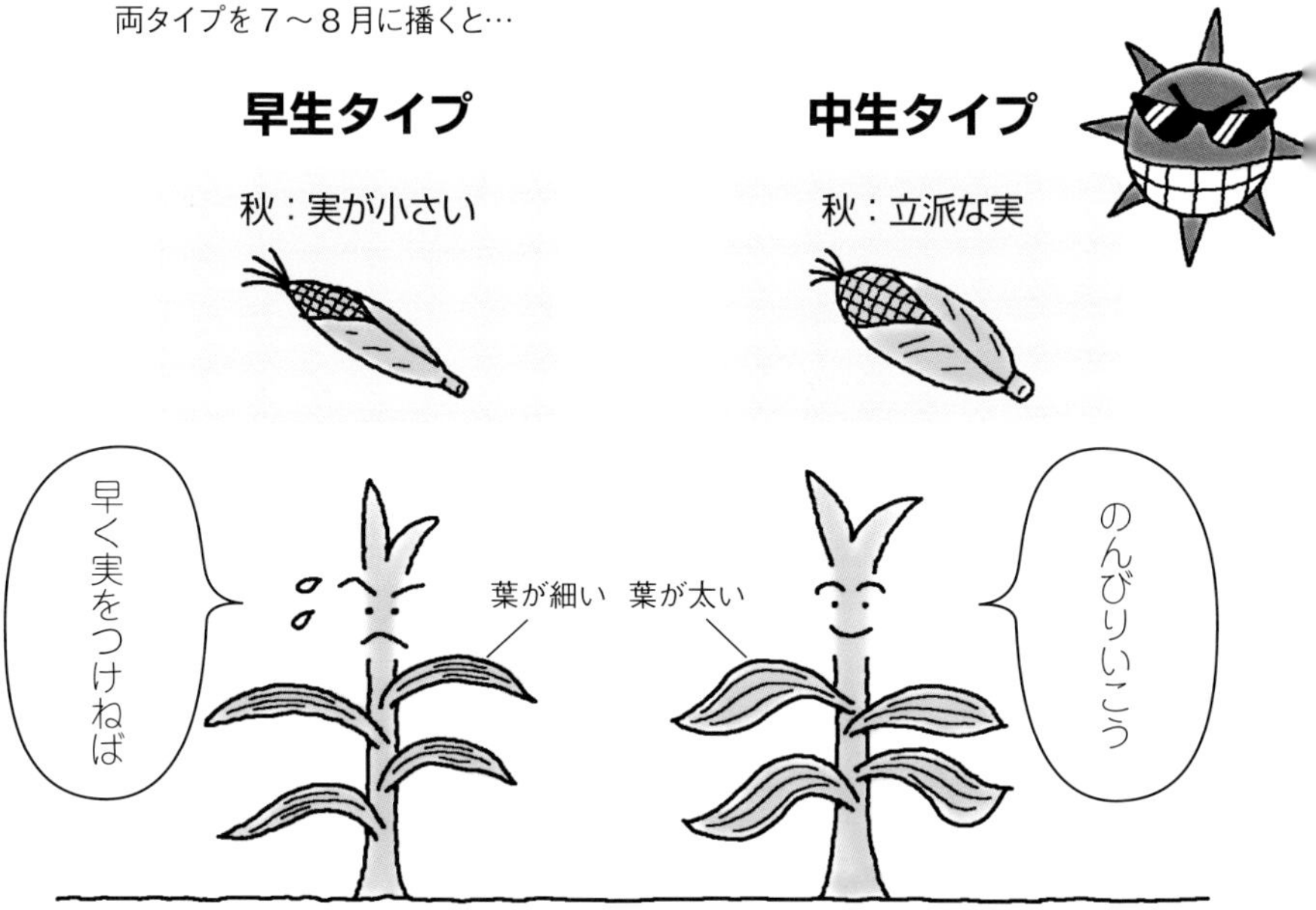

早生タイプは、生育スピードが速いので、暑い時期は株がしっかりできないうちに花芽分化してしまう。それで実が小さくなる。また浅根なので高温乾燥にはダメージを受けやすい。ただ根が伸びるスピードが速いので、寒い春の早出しは得意

中生タイプは、のんびり屋さん。暑くても株がしっかり育ってから花芽分化する。実も大きくなるので遅出しは得意。ただ寒い春は根が伸びるのに時間がかかるので、生育が止まったようになる。早出しは苦手

※タキイ種苗では遅出しに向く品種として熟期が86日以上の品種をすすめている

エダマメの早晩性を使いこなす

晩生品種はなぜ収穫が遅い?

エダマメは短日植物で、日長がある一定の長さ(限界日長)より短くなること(短日)で花芽分化を始める。早生品種と晩生品種の違いには、限界日長が深くかかわる。

早生品種	限界日長が長いため、温度条件(15℃以上)を満たせばいつでも花芽をつくる(夏の日長が長い高緯度地域出身)
晩生品種	限界日長が短く、日長の影響を受ける。温度条件を満たしても、日が短くならないと花芽をつくらない(年中気温の高い低緯度地域出身)

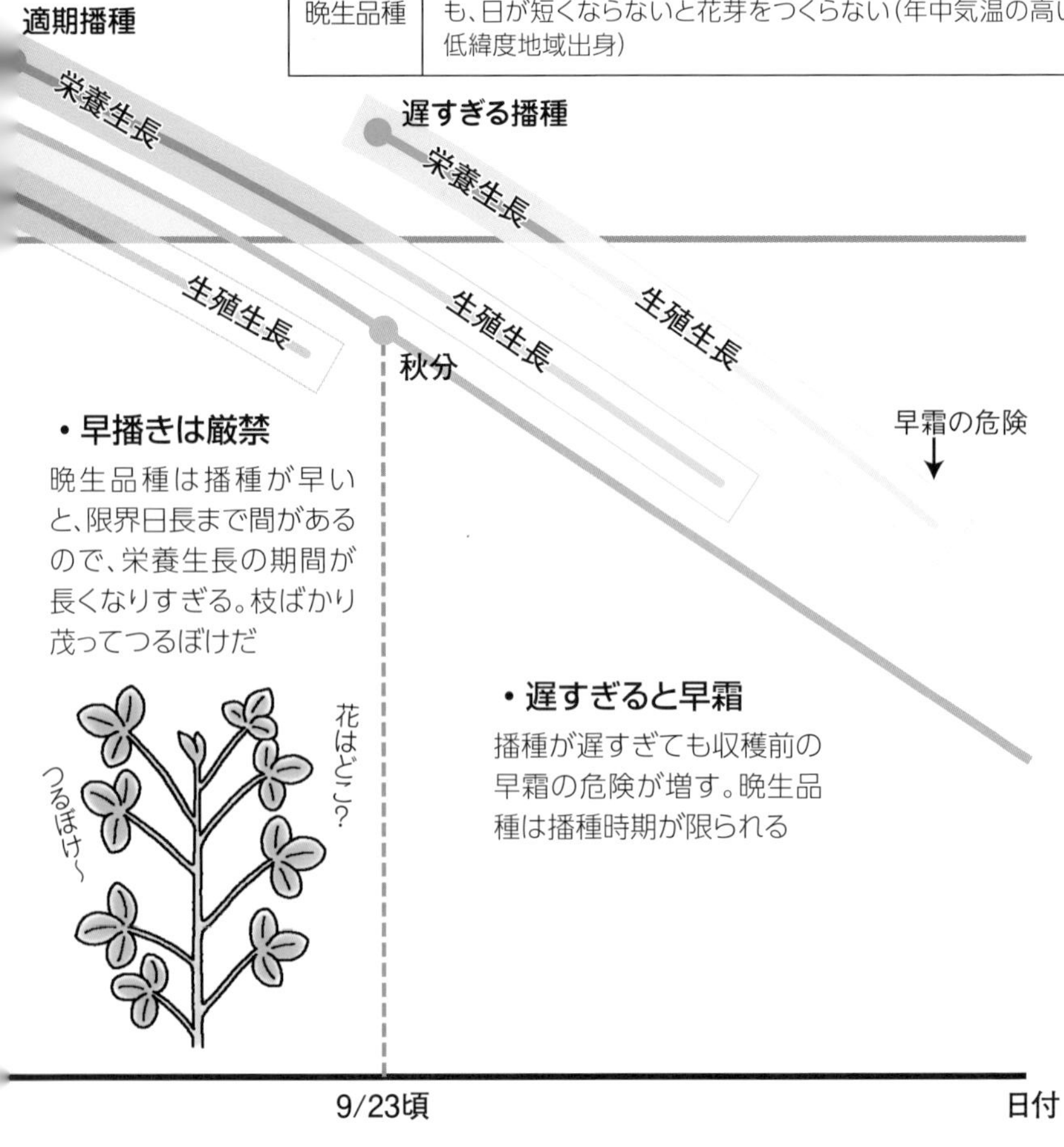

・早播きは厳禁

晩生品種は播種が早いと、限界日長まで間があるので、栄養生長の期間が長くなりすぎる。枝ばかり茂ってつるぼけだ

・遅すぎると早霜

播種が遅すぎても収穫前の早霜の危険が増す。晩生品種は播種時期が限られる

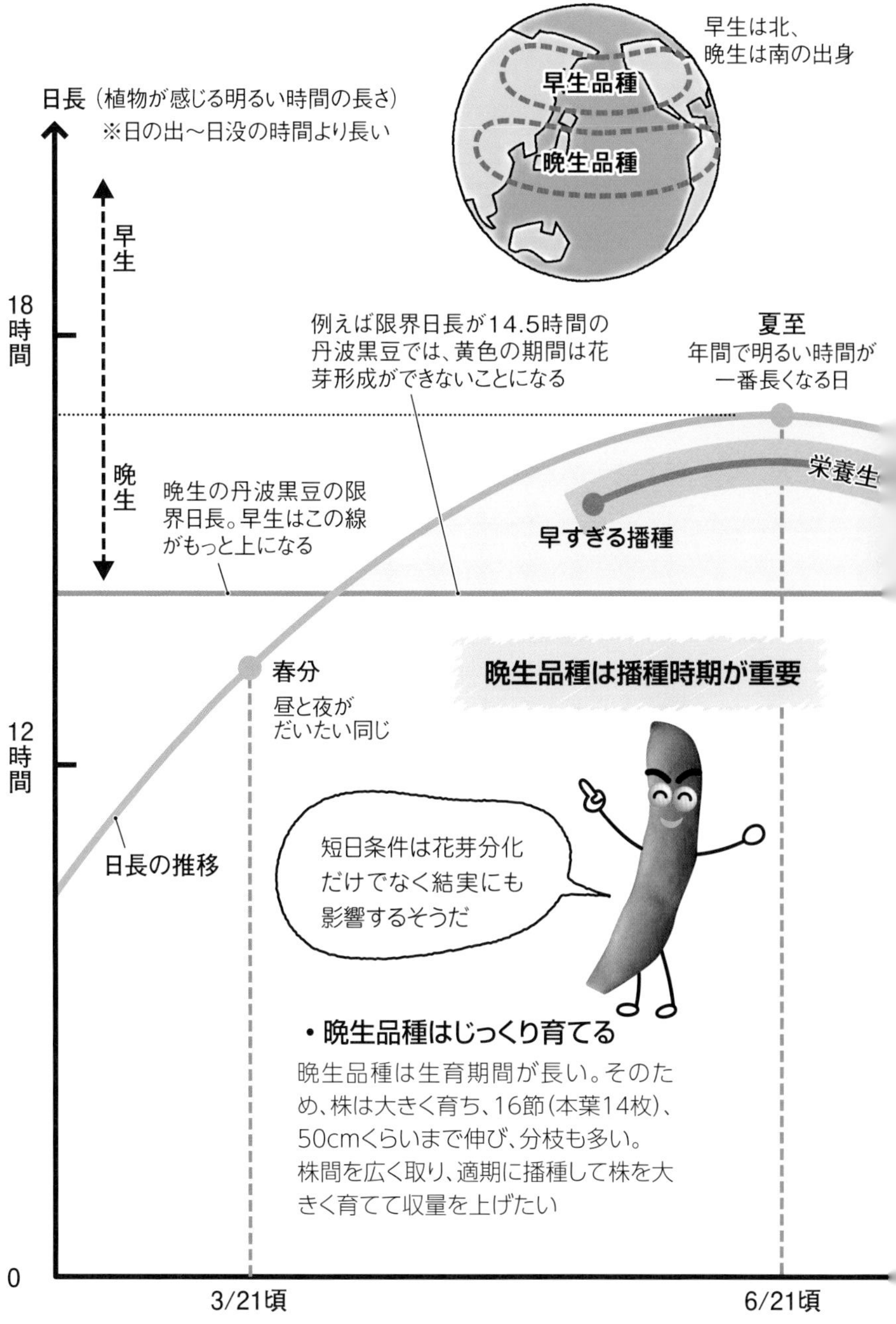

・晩生品種はじっくり育てる

晩生品種は生育期間が長い。そのため、株は大きく育ち、16節（本葉14枚）、50cmくらいまで伸び、分枝も多い。

株間を広く取り、適期に播種して株を大きく育てて収量を上げたい

秋の遅出しには基本的に晩生タイプのほうが安心

協力・雪印種苗

早晩性	早生タイプ		中間タイプ	晩生タイプ	
	早生	**中早生**	**中生**	**中晩生**	**晩生**
熟期	75～80日	85日前後	95日前後	100日前後	110～130日
品種	サッポロミドリ 奥原早生 極早生大莢	湯あがり娘 サヤムスメ サヤコマチ	ゆかた娘 盆踊り	緑光 雪音 サヤニシキ	秘伝 獅子王

早生タイプ
（夏ダイズ）

―温度が高くなると花芽をつける―

早出しの
ほうが得意

夏に播くと株がしっかりできないうちに花芽をつけてしまう。莢数が少なくなったり、実が入らなくなったりする。
ただ、日長の影響を受けないので春の早出しは得意

晩生タイプ
（秋ダイズ）

―短日になると花芽をつける―

遅出しの
ほうが得意

日が短くなる時期に生育するので遅出しのほうが得意。早生に比べると生育日数が長い分、節数も多く、収量もとれる。
ただ、春に播くと長日条件なので花芽がつかず、株ばかり大きくなってしまう

テクニックが必要だが早生タイプの遅出しも面白い

〈早霜にやられない〉

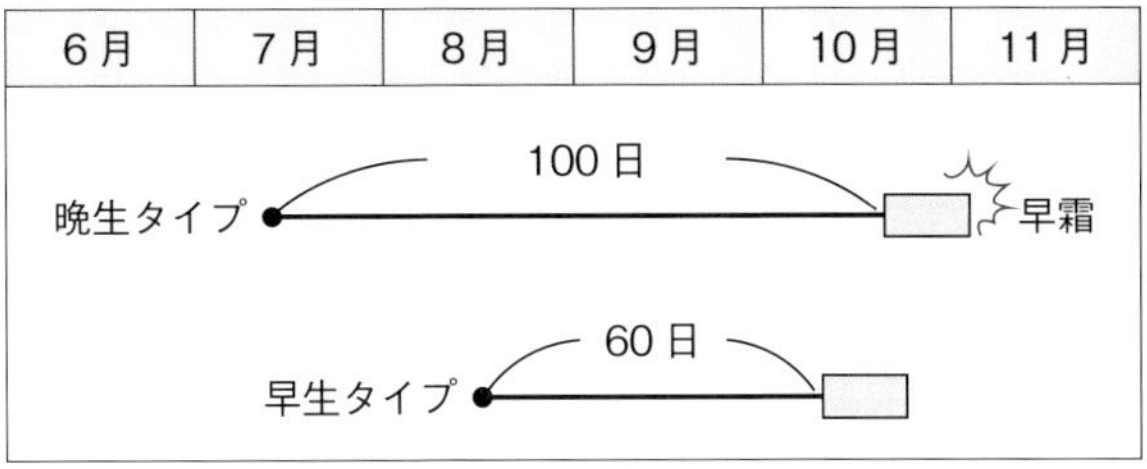

中晩生品種を使って11月上旬に収穫しようとしても、地域によっては早霜にあたって全滅することがある。中早生のサヤムスメ（雪印種苗）を8月中旬に播くと10月中旬に収穫できる

サヤムスメ

春播き85日 → 夏播き60日

早生タイプを夏播きすると生育日数が短くなる

〈収量が減るので密植にする〉

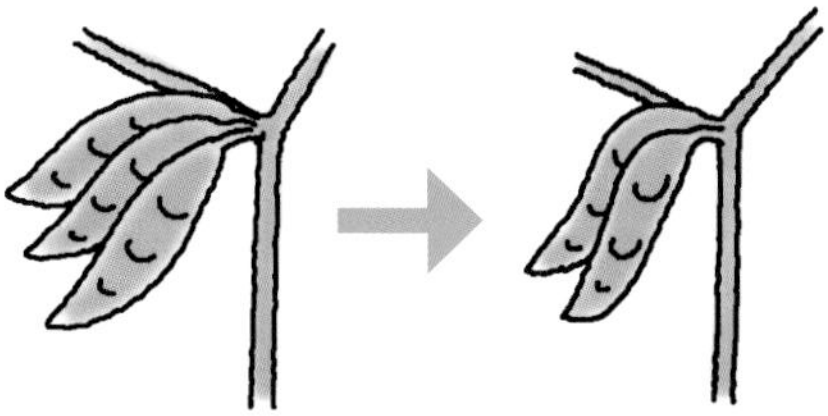

生育日数が短くなると節数（花数）は変わらないが莢数が減る。
株間24㎝なら20㎝くらいにして1.5倍の収量をねらおう。
密植にすれば春播きと変わらないか、それ以上の収量も可能

〈夏播き夏植えは最初が肝心〉

早生品種は北国（高緯度地域）出身なので、高温で発芽障害を起こしやすい。真夏の直播きは白黒ダブルマルチなどが有効。苗を植えるときは涼しくなる夕方に

マメ科のいろいろ

オホン。では私がマメ科の奥深さについて解説して進ぜよう。まずは種類から。日本国内で栽培されているマメ類はダイズ(エダマメ)、アズキ、ササゲ、リョクトウ、インゲンマメ、ベニバナインゲン、ライマメ、ラッカセイ、エンドウ、ソラマメ、フジマメ、ナタマメなど。これらは世界各地から日本にやってきたんですな。色も形も大きさも、バリエーションの多さは他のどの作物にも負けませんぞ。

マメ博士

インゲンマメ

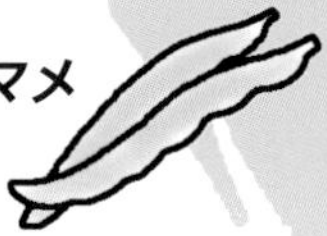

原産地は中南米。日本へは中国から隠元禅師が持ち込んだといわれ、名前の由来となった。莢で食べるタイプも成熟した豆を食べるタイプも品種は数多く(モロッコインゲンや金時類、手亡類など)、ベニバナインゲン(花豆など)やライマメ(ライマビーン)も同じ属の仲間

ラッカセイ

アンデスでも低地原産のため低温に弱い。花が落ちて子実がなる様子から「落花生」と呼ばれる。国内産は8割が千葉県産

マメ科のマメ知識

ダイズ

原産地は中国。豆腐や味噌など、日本人の食を支えるマメとして、名前の由来は「大事な豆」ともいわれる。未熟果を収穫するエダマメ品種も、成熟マメを収穫するダイズ品種も数多くある

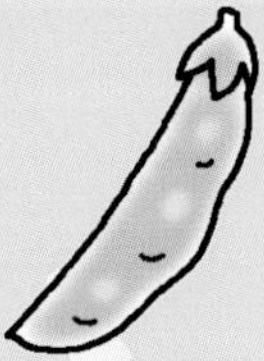

エンドウ

原産地はコーカサス地方・中央アジアほか諸説ある。「大宛国（現在のウズベキスタン）」にちなんで「宛豆」と呼ばれたという説も。莢ごと食べるサヤエンドウと未成熟の豆を食べる実エンドウに分けられる。サヤエンドウには、莢の小さなキヌサヤエンドウと大きなオランダエンドウ、スナップエンドウがある

ソラマメ

原産地は南西アジアから北アフリカにかけて。若い莢が空を向くから名付けられた「空豆」、中国では蚕が繭をつくる頃に実ることから「蚕豆」と表記される。子実が直径1cmの小粒種から3cm以上になる大粒種まであるが、大きくなるにしたがって晩生になる傾向がある

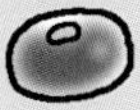

アズキ

生まれは日本や中国など諸
ある。日本では古くから親し
れ、国産割合が7割と非常
高い。そのほとんどがあんや
納豆など菓子類の材料と
る。ササゲやリョクトウが仲間

莢で食べるマメ
豆を食べるマメ
未成熟で収穫するマメ
乾燥して保存するマメ
いろいろですぞ

いろんな姿でおいしいマメの一生

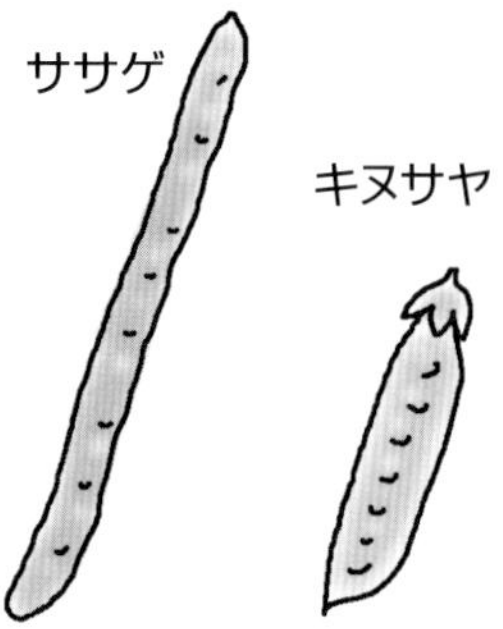
ササゲ
キヌサヤ

キヌサヤは豆がふくらむ直前のごく若い莢を、スナップエンドウやサヤインゲンは豆がふくらんできた若い莢を食べる。エダマメやソラマメは若い豆を、アズキやダイズは熟した豆を食べる。マメによっておいしい姿はいろいろですぞ。

ごく若い莢

マメのタネは
おいしさのタネ。
なんちゃって

収穫

マメの成熟と栄養

マメは生育が進むにつれ、野菜から穀物へと変化していく。豆（ダイズ）の甘み成分であるショ糖は開花後30日前後が一番多く、成熟するにしたがって減ってくる。うまみ成分であるアミノ酸（グルタミン酸）も同じように減るが、反対にタンパク質はそれを材料に増え続け、成分の半分近くを占めるようになる。

— ショ糖

— アミノ酸

— タンパク質

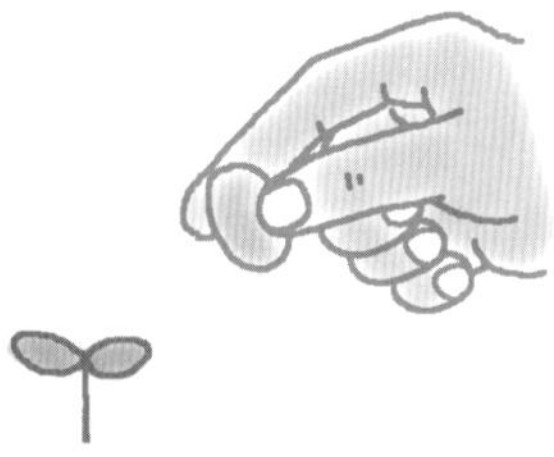

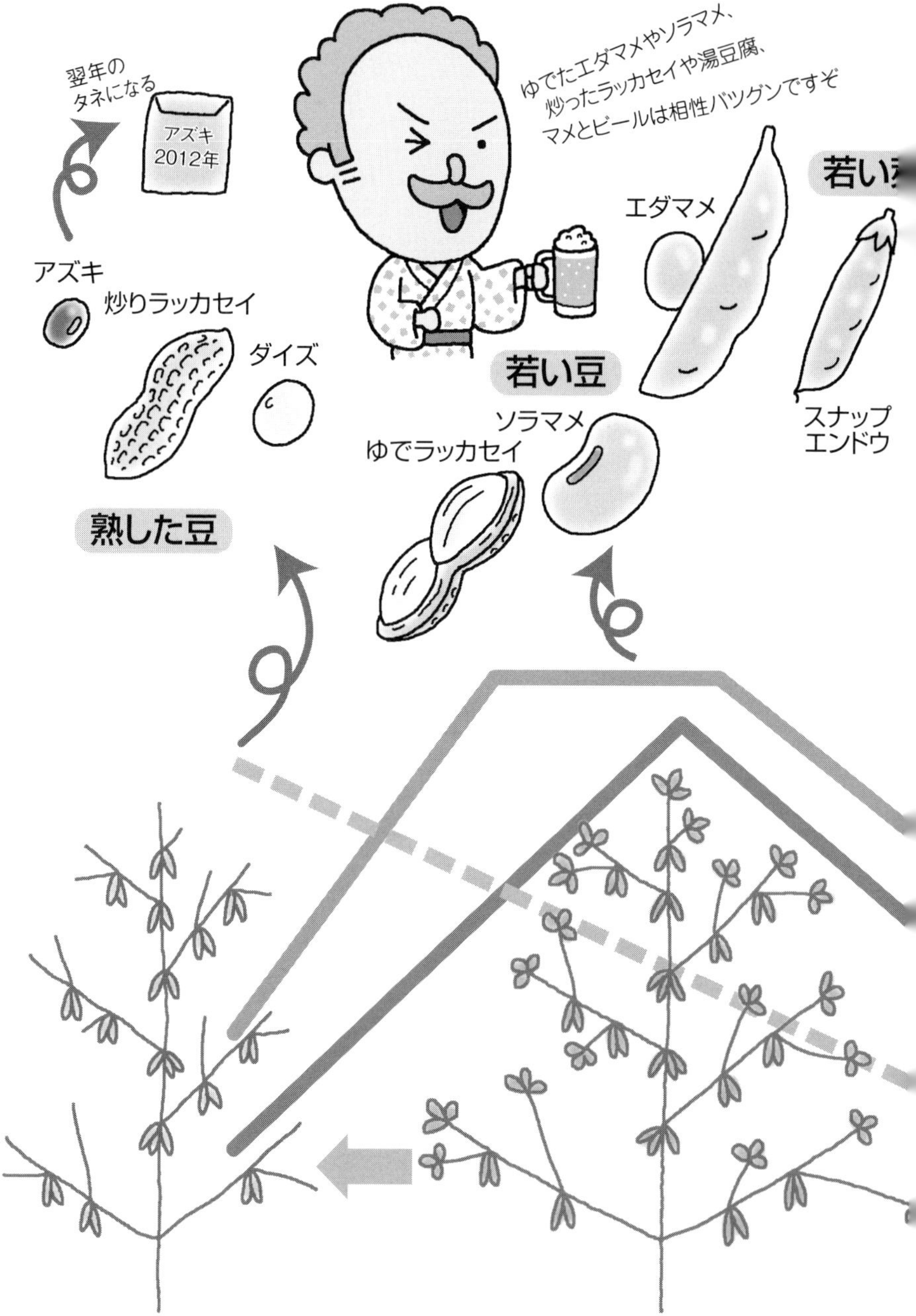
翌年の
タネになる
アズキ
2012年
アズキ
炒りラッカセイ
ダイズ
熟した豆
ゆでたエダマメやソラマメ、
炒ったラッカセイや湯豆腐、
マメとビールは相性バツグンですぞ
エダマメ
若い豆
ソラマメ
ゆでラッカセイ
スナップ
エンドウ

マメ科の分類

科	属	種	品種（群）
マメ科	ダイズ	ダイズ（エダマメ）	エンレイ
			ダダチャマメ
			湯あがり娘
	ササゲ	アズキ	エリモショウズ
			大納言
		ササゲ	ササゲ
		リョクトウ	リョクトウ
	インゲンマメ	インゲンマメ	金時類
			手亡類
			ケンタッキーワンダー
		ベニバナインゲン	白花豆、紫花豆
		ライマメ	ライマビーン
	ラッカセイ	ラッカセイ	千葉半立、おおまさり
	エンドウ	エンドウ	キヌサヤエンドウ類
			オランダエンドウ類
	ソラマメ	ソラマメ	打越一寸、陵西一寸
	フジマメ	フジマメ	フジマメ
	ナタマメ	ナタマメ	ナタマメ
	ヒヨコマメ	ヒヨコマメ	ヒヨコマメ

つるあり（つる性）　つるなし（わい性）

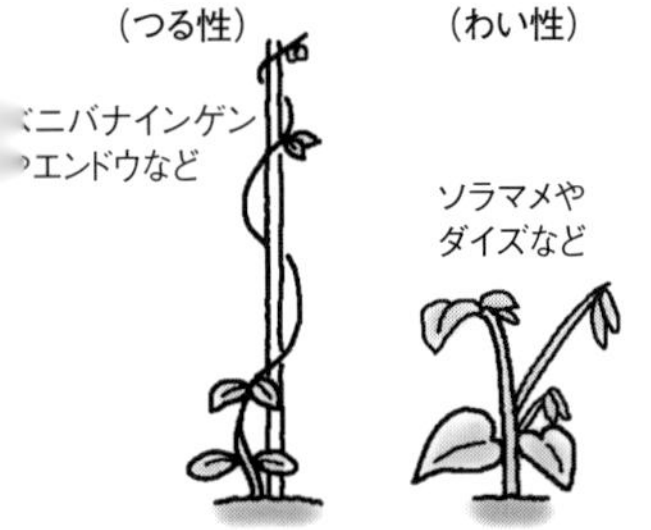

つるありはベニバナインゲンやエンドウ（一部なし）。つるなしはソラマメやダイズ（一部あり）、アズキ（一部あり）。インゲンマメやササゲは両方ある。大面積でつくるインゲンマメでは機械作業のしやすいつるなしが好まれるが、サヤインゲンでは収穫期間の長いつるありも人気

莢ごと食べる　豆を食べる

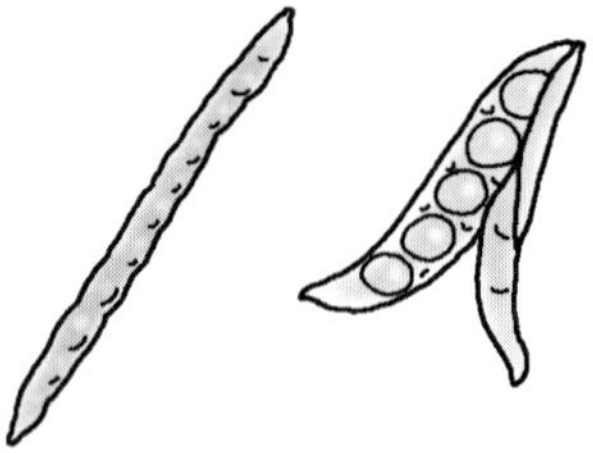

莢ごと食べられないのは、莢が硬くて厚いソラマメやラッカセイ、細かい毛が生えているエダマメなど。インゲンマメやベニバナインゲン、エンドウは若莢を食べることも、熟した豆を食べることもある。豆を食べる品種は莢の内側に硬い層があるものを選んでいるので、莢ごと食べるのには向かないことが多いが、どちらにも利用できる品種もある

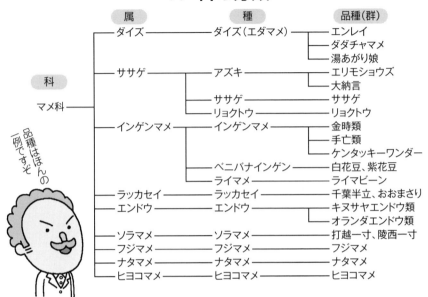

ダイズ（エダマメ）のおいしさ・加工用途分類

甘み系
丹波黒

晩生
丹波地域生まれ

ダダチャマメ系と丹波黒系

エダマメのおいしさは甘み、うまみ、香り、食感や外観で決まる。品種はアミノ酸リッチで味が濃いダダチャマメ系と、甘みがあり軟らかい丹波黒系に大きく分かれ、早生品種（夏ダイズ）はそのバランス型といえる。最近はうま味の強いものが好まれる傾向にあり、ダダチャマメの血を引いた新品種が多い

うまみ系
ダダチャマメ

中生
山形県生まれ

黒ダイズには
アントシアニンも
含まれるな
クルリっ
同じダイズでも
ずいぶん違うのです
エダマメにして
おいしい品種もありますぞ

高炭水化物（糖質）系
味噌用品種

キタムスメや
タマホマレなど

ダイズは豆腐系と味噌系

ダイズは加工特性で分類される。タンパク質含量の高い豆腐用と、炭水化物含量（糖質）の高い味噌用とに分かれるが、併用される場合も多い（エンレイなど）。納豆用品種（納豆小粒やコスズなど）や、茎が真っ白に伸びるもやし用品種（ハヤヒカリ）、煮崩れしにくい煮豆用品種（いわいくろなど）もある。アメリカの品種はおもに搾油用

高タンパク質系
豆腐用品種

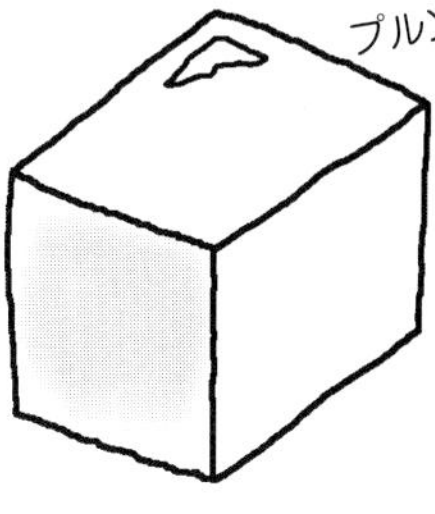

トキムスメや
フクユタカなど

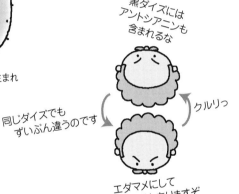

●早出し・遅出しに生かすマメ類の特性●

中生・晩生エダマメは花芽分化が日長に左右されるのに対して、早生エダマメでは影響を受けない。一方、低温が必要なエンドウやソラマメ、それらの影響を受けないその他のマメ類（インゲンなど）など、その特性を知れば早出し・遅出しにも生かせる。

早生エダマメ

日長条件に左右されない

多くのダイズ品種がそうであるように、本来はエダマメも日が短くなると結実する（短日植物）秋の植物だ。早生品種は夏にエダマメを食べるため、あまり日長に左右されずに実をつけるよう改良されており、春の早出しに向いているし、遅出しにも使える

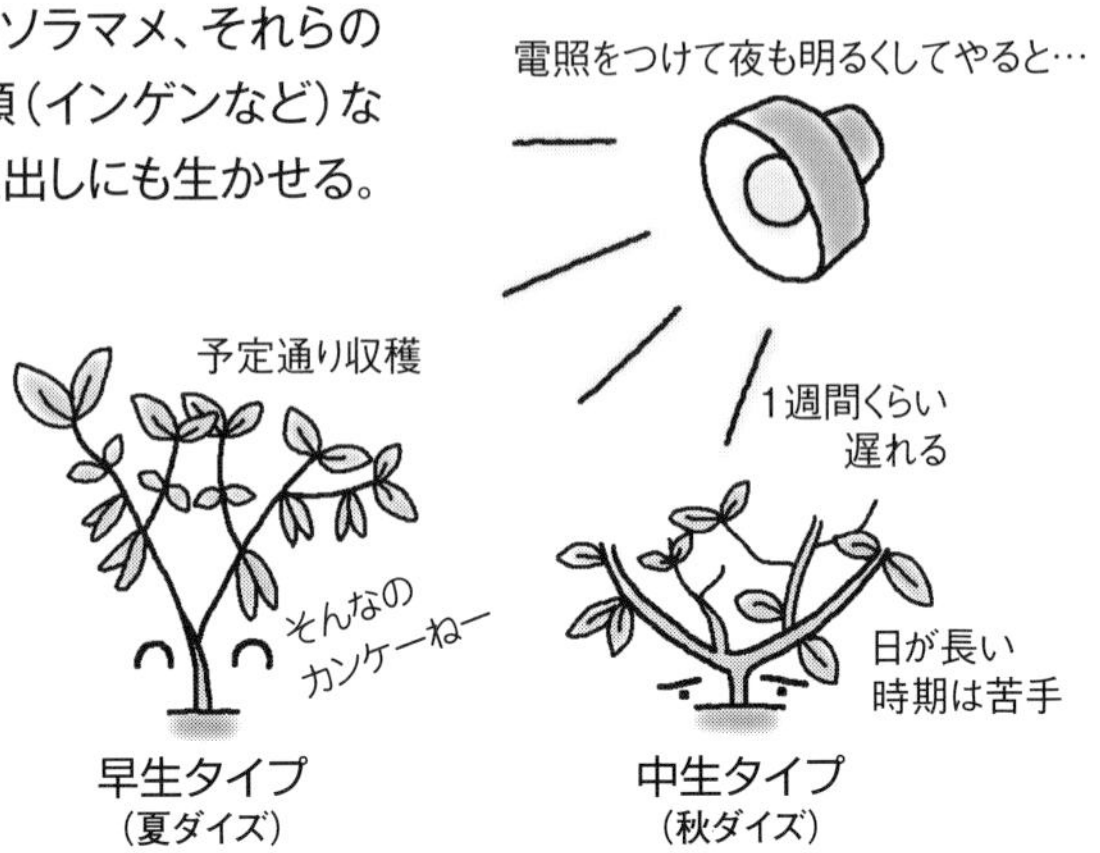

電照をつけて夜も明るくしてやると…
予定通り収穫
そんなの
カンケーねー
早生タイプ
（夏ダイズ）
1週間くらい
遅れる
日が長い
時期は苦手
中生タイプ
（秋ダイズ）

早生エダマメは
本州では成熟しにくく
ほとんどのタネは
北海道で採っていますぞ

ソラマメ

冬を経験しないと開花しない

ソラマメやエンドウは催芽期または種子登熟期の低温条件によって花芽を形成する。秋にタネが落ちて、冬の寒さを経て春に発芽するようプログラムされているのだが、冷蔵庫に入れて冬が来たと騙してやれば実をつける

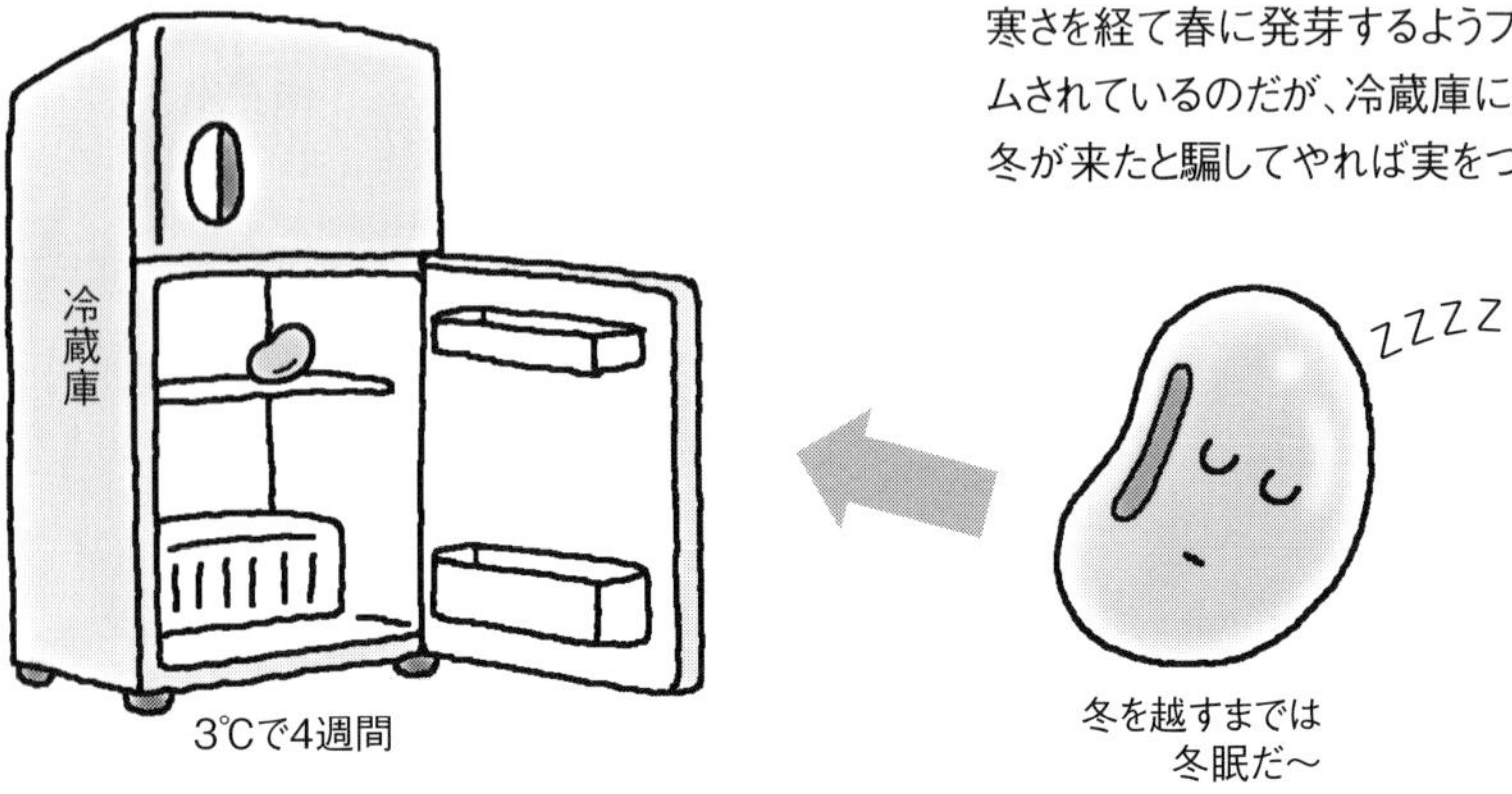

冷蔵庫
3℃で4週間
ZZZZ
冬を越すまでは
冬眠だ～

スナップエンドウ

わい性品種の9月定植で長期どり

三重県松阪市の青木恒男さんは、つるなし（わい性）品種の**ホルンスナック**を9月に播いて年内から4カ月間とり続ける（詳しくは139ページ）。エンドウは通常秋に播いて冬の低温で花芽を形成するが、じつは長日条件によっても花芽分化するという性質がある。9月播きはその条件に合うということか

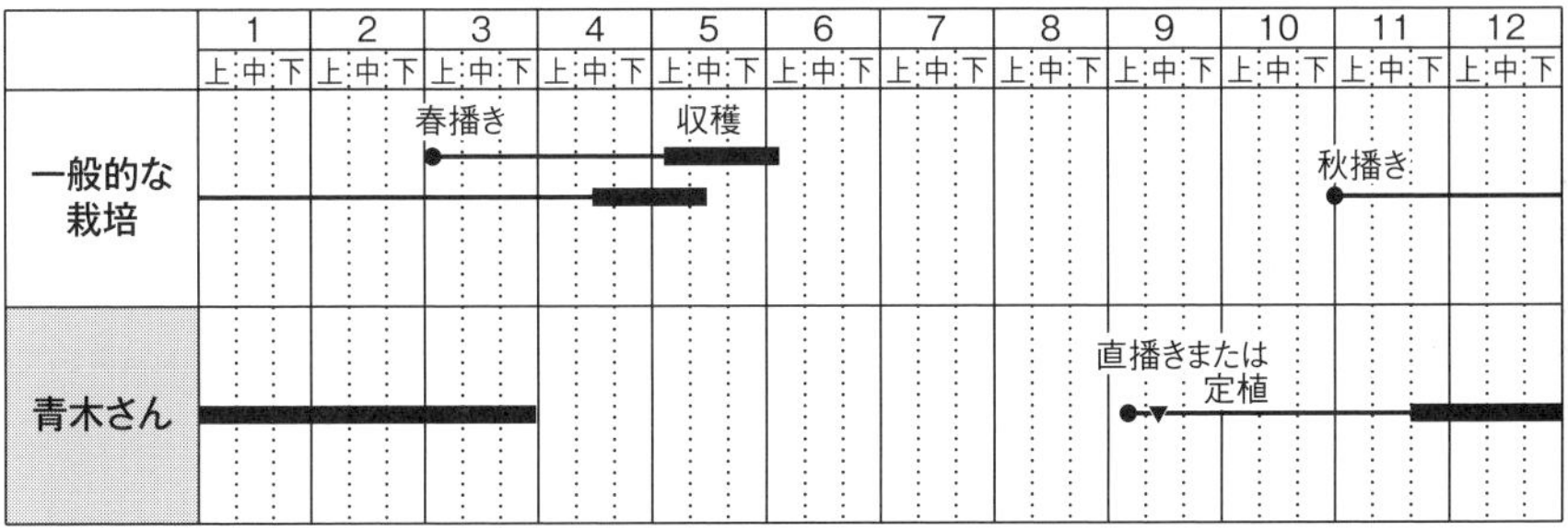

低温処理してずらし栽培

小林理さん（千葉県海匝農業事務所）に紹介してもらった方法はソラマメの性質を生かした早出し技術。通常は秋播きで越冬させるソラマメを低温処理（春化処理）してから9月中旬に播種、1月中旬から4月上旬まで収穫する。霜よけ程度の暖房で栽培できるのも魅力

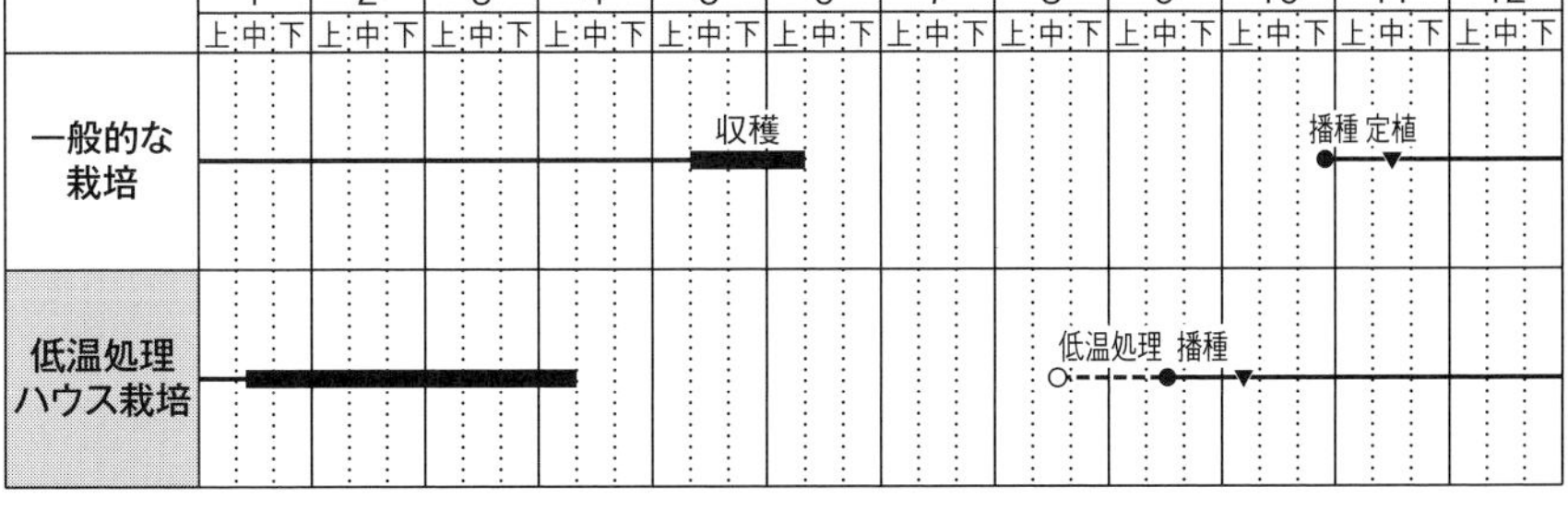

早生・中生・晩生
――何が違う？ どう使い分ける？

（早生〜晩生のおもな傾向）

早生	⟷	晩生
早い	収穫	遅い
少ない（小さい）	収量（大きさ）	多い（大きい）
早出しに有利	出荷	遅出しに有利
悪天候回避しやすい		悪天候リスク大きい
圃場の回転よい		貯蔵性、在圃性に優れる

タネのカタログを見ると、必ず見かけるこの言葉。まとめると品種の「早晩性」といい、ある作物の品種の、収穫までの栽培期間の長さを表わしている。早く採れるものから、極早生、早生、中早生、中生、中晩生、晩生、極晩生という順番になる。おもな違いは上の図のとおり。

品種の早晩性は、①栄養生長期間（葉や茎を増やし体を大きくする時期）の長さ、②感光性（短日・長日という花芽形成条件にどれくらい敏感か）③感温性（低温、高温という花芽形成条件にどれくらい敏感か）の程度によって決まる。

一般に、早生は栄養生長の期間が短く、体が小さいまま花を咲かせるので、収穫物（果実等）がやや小さめ。とはいえ、生育スピードが速く栽培期間が短いので、直売所などでの早出しに有利だし、圃場の回転がよくなる、梅雨や台風、早霜などの悪天候の時期の前に収穫しやすいなどの長所も多い。

いっぽう晩生は栄養生長の期間が長く（葉の数も多い）、体が大きくなるので、収穫物も大きくなる。例えば、スイカでは極早生・早生品種は小玉・中玉、中生・晩生品種が大玉ときれいに分かれる。タマネギでは晩生になるほど貯蔵性が優れるし、ハクサイの晩生タイプは耐寒性や在圃性に優れる。晩生は遅出しに有利な品種といってもいい。ただし、栽培期間が長いことが裏目にでて、品目によっては収穫時期に悪天候に見舞われるリスクもある。

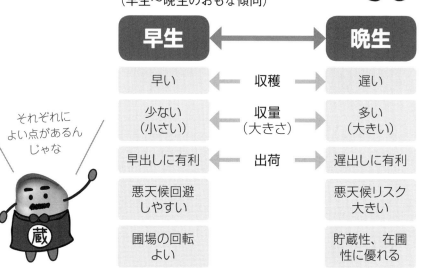

第3章

農家・育種家の品種の見方

直売所農家から

定番野菜を人が出さない時期にずらし売り

三重・青木恒男

ブロッコリーの2本植え栽培。本葉4～5枚目頃に追肥すると側枝がよくとれる

私はこれまで、人が出さない時期に定番野菜をずらし売りすることを試行錯誤してきました。ここ数年、さまざまな品種の特性に目を向けると、ハウスでもできないようなずらし栽培が、露地でできることがわかってきました。今回はそのような点を踏まえて私のずらし栽培の一例を紹介したいと思います。

ブロッコリー

極早生品種で ハウスでは1カ月、露地では2カ月早く出す

現在、私がハウスで使っている品種は「ハイツSP」（タキイ）。この品種は春、夏、秋、いつ播種しても安定した収穫と品質が得られ、側枝の発生も多い極早生品種です。私は、慣行農家が出荷を始める時期よりも1カ月ほど早く出荷できる作型でピークを避け、安売り競争が激しくなる正月明けからは側枝の出荷で対応します。市場出荷では頂花蕾にしか値が付きませんが、直売所では側枝花蕾のバラ詰め袋のほうがよく売れるからです。

さらに、このハイツSPや「シャスター」（タキイ）などの極早生品種の温度（低温）に関係なく花芽分化する特性を利用すると、露地畑での高温期の早出しといったハウス農家には真似

できない作型もできます。

当地の場合、ハウス栽培での早出しは9月下旬播きが限界です。それより早く播いても暑さで生育が止まってしまいます。しかし露地ですと、8月上旬に涼しい納屋などで播種をして育苗し、8月下旬に定植すれば、生育が停滞することはありません。これだと収穫は10月上旬になり慣行栽培に比べて2カ月ほど早い超早出しができます。さらに、畑が空きますので、その後は極早生のハクサイなどを入れ、続けて春の遅出しブロッコリーにつなげると、露地の三期作も比較的簡単にできるのです。

ハクサイ

早生系のミニハクサイでついに周年栽培

冬場の直売所は大きなハクサイで埋め尽くされます。そうなると、1玉400円が300円、200円と安売り競争も激化してきます。お客さんにしてみれば、値段が安くなっても、大きな1玉だと家族で食べきれません。そこで私は直売所用のハクサイをすべてミニタイプにし、1個100円で売っています。そうすると飛ぶように売れるからです。しかもミニ

側枝が出やすいハイツSP

図1　ブロッコリーの作型　（●播種　▼定植　■収穫　以下の図も）

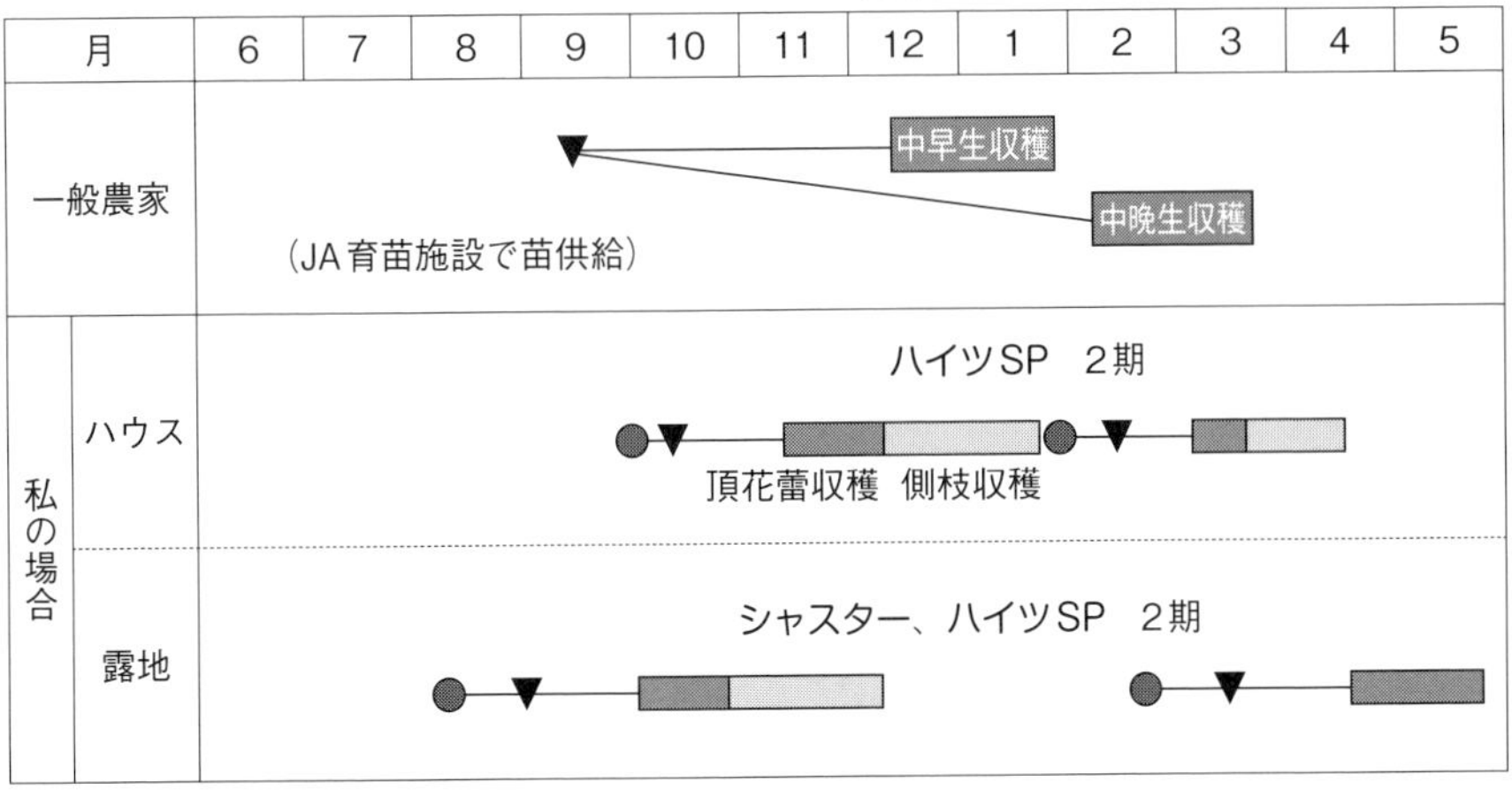

※露地の春作は害虫が多くなるので側枝収穫はしない

ハクサイは早生系品種が多く、40～60日で結球するので、ひと冬に三期作も可能で売り上げ3倍も夢ではありません。

昔はハクサイといえば中晩生系の品種（結球に5～10℃の低温が必要）のタネしか手に入らなかったため、冬の代表のような野菜でしたが、最近は直売所向けの早生系（結球に低温を必要としない）ミニハクサイの新商品が続々と発表されていますので、品種を駆使したずらし栽培がいとも簡単にできるようになりました。

私はハウスで「タイニーシュシュ」（サカタ）などを二～三期作し、秋の早出しや他の人がほとんど出さない春にも出荷しています。

さらに、「サラダ」（タキイ）やタイニーシュシュといった夏を得意とする品種を露地畑で使えば、夏作もできますので、ハクサイの周年栽培が可能です。やはり夏はハウスではつくれません。暑くて生育が早すぎてカルシウムの吸収が追いつかず、必ず腐れが出るからです。

これら夏につくれる生食用ハクサイ品種は葉に細かな毛

右端が従来の大きさのハクサイ（2kg）、左3つがミニハクサイ（500ｇ～1kg）。ミニハクサイは使い切りサイズでよく売れる

図２　ハクサイの作型

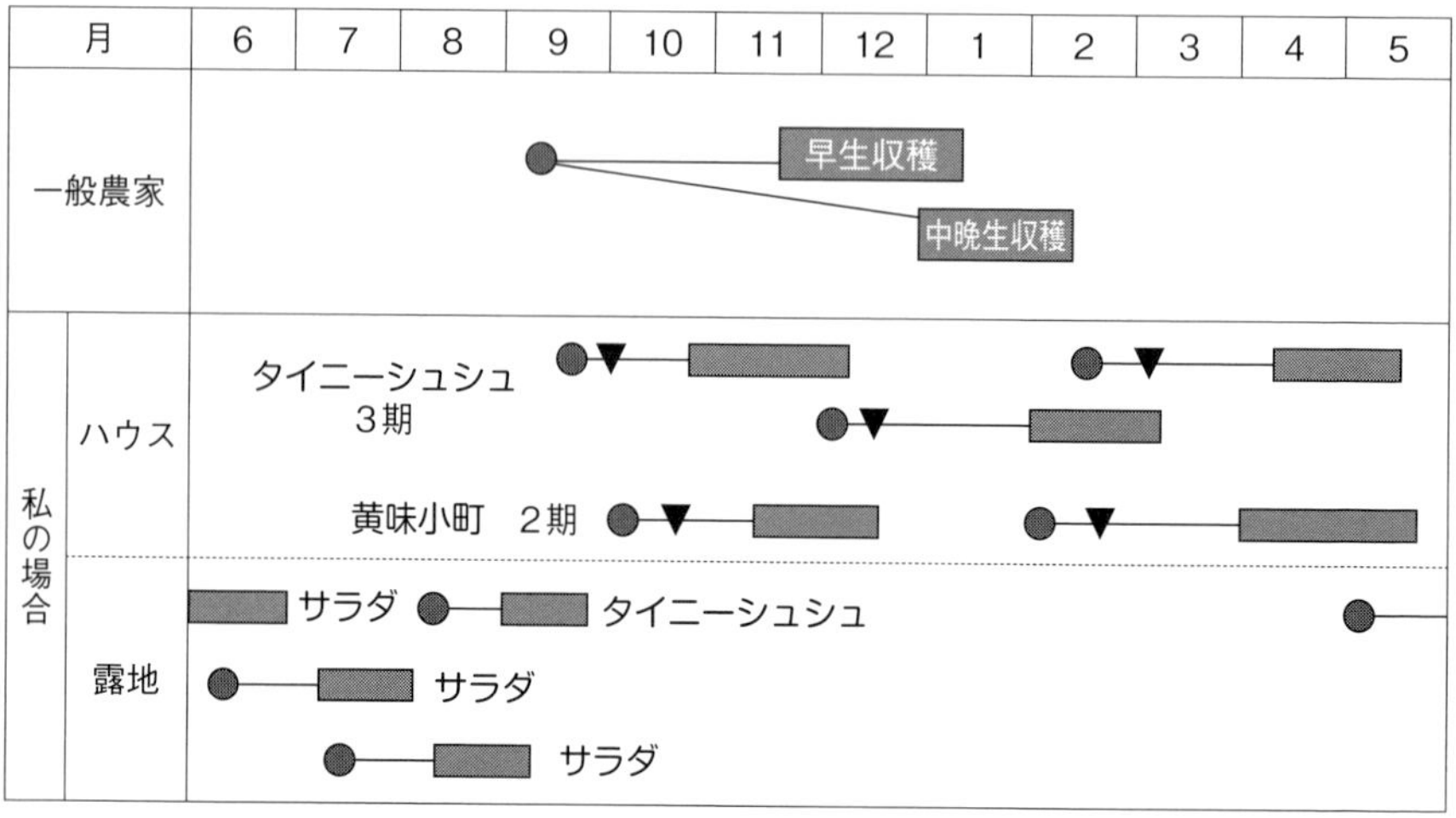

がなくサクサクした食感で、若いお客さんに好評です。露地畑での冬野菜の夏作は、今後の直売所農家の大きな可能性になるのではないでしょうか。

スナップエンドウ

低温を感じなくても花芽分化する品種で秋から春まで超長期どり

エンドウやインゲンなど青マメ類も品種の持つ特性の違いを使いこなすことで、ずいぶん作期の拡大（ずらし）が図れる作物です。スナップエンドウを例に説明します。

当地での一般的なエンドウ類の栽培は10月下旬に播種し、翌年まで越冬させた後、春の短い期間に一斉収穫して終わるというものです。つる性の慣行品種を使う限り、ハウス栽培でもこの特性に変化はなく、冬に向かってじっくりと低温を感じないと花芽を持たずに過繁茂になるばかりです。したがって、圃場の占有期間が長いうえに誰がつくっても同じ時期に出荷が重なるため、価格が安く、あまり儲かる作物ではありません。

秋から春まで連続出荷できる
ホルンスナック

図３　スナップエンドウの作型

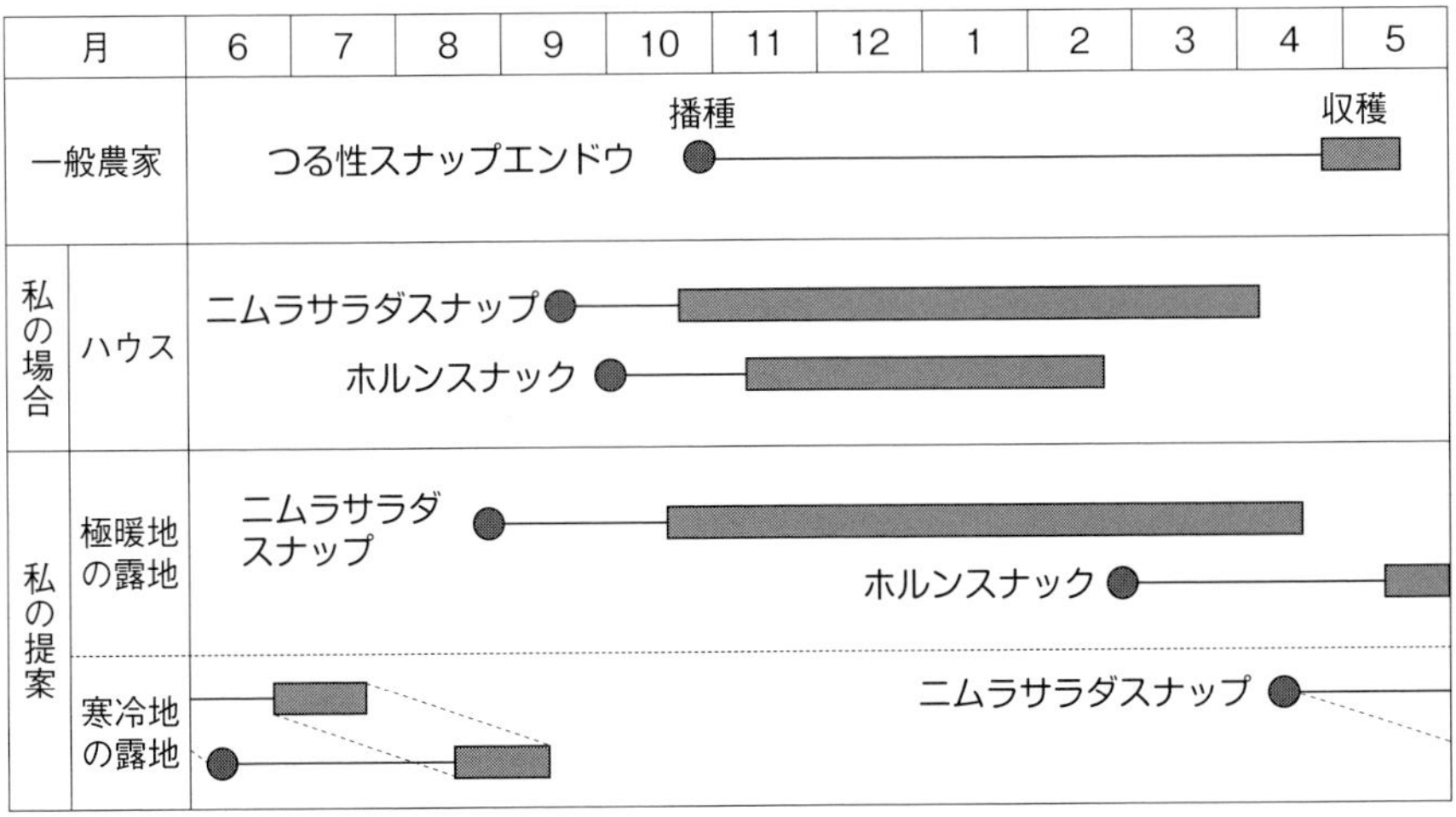

私が現在ハウスで使っている「ニムラサラダスナップ」（みかど協和）や「ホルンスナック」（サカタ）は、低温を感じなくても花芽分化するという特性を持った品種です。つまり、発芽させることさえできれば、生育できる温度帯ならどんな季節でも収穫が可能ということです。ニムラサラダスナップを9月中旬に播種すると、10月下旬から4月上旬まで、5カ月以上の連続出荷ができます。

これは提案ですが、この品種特性に目を向けると、例えば冬に霜が降りない極暖地なら露地畑での秋から春にかけた連続出荷や端境期の初夏出しも可能でしょうし、夏が涼しい寒冷地なら季節を逆転させた初夏から秋までの長期どりなど、いろいろと考えられます。それぞれの地域に合ったずらし栽培ができると思います。

ダイコン

おでん用品種の2粒播きでずらし売り

晩秋から年末年始の私のダイコン栽培のコンセプトは「おでんのネタ」。品種は「おでん大根」（中原採種場など）を使います。この品種は首から尻尾まで同じ太さのソーセージ形なのでスパスパ輪切りにするだけで、どれも同じ大きさで火の通りが均一、緻密な肉質で味が芯まで浸みやすく煮崩れしにくいなど、おでん用に最適な形質を持っています。直売所では「おでんに最適、おでん大根」と説明書きを付けて売っています。

年末年始の直売所は多くの農家がダイコンを山積みにしますから、何らかの差別化をして目を留めてもらうようにしないと売りにくいのです。

写真は条間30㎝に株間20㎝の1穴2粒播きのダイコンで、慣行栽培に比べて2倍以上の密植にします。これで必要以上にバカ太くなるのを防げますし、連れ合いの生育がアンバランスな場合でも大きいほうから間引くように収穫すれば、そのうちもう片方も追いかけて太ってきます。収穫期はダラダラと延びますが、毎日少しずつ収穫で

おでん用ダイコンの1穴2粒播き栽培

きて結局総収量も多くなるという、直売所向けに好都合なずらし栽培といえます。

オクラ

分枝が出やすい品種を夏に切り戻して秋に稼ぐ

最近、私は夏の果菜の重点をオクラに置いています。ここ数年の夏は猛暑傾向が続き、とくに雨除けハウスでは梅雨明けとともにナスもトマトも夏バテでダウン、暑さに強いオクラだけがなんとか稼いでくれているという事態だからです。２０１５年はオクラの収量アップについて、いろいろと試したこともあるので一部紹介します。

写真（下）はそろそろ収穫を終えようかという時期のオクラで、枝を放任した株と、初夏に切り戻しをした株の比較です。図４はその生育過程と収穫数を表わしたものです。収穫終了時の

図４　オクラの生育過程と収穫個数

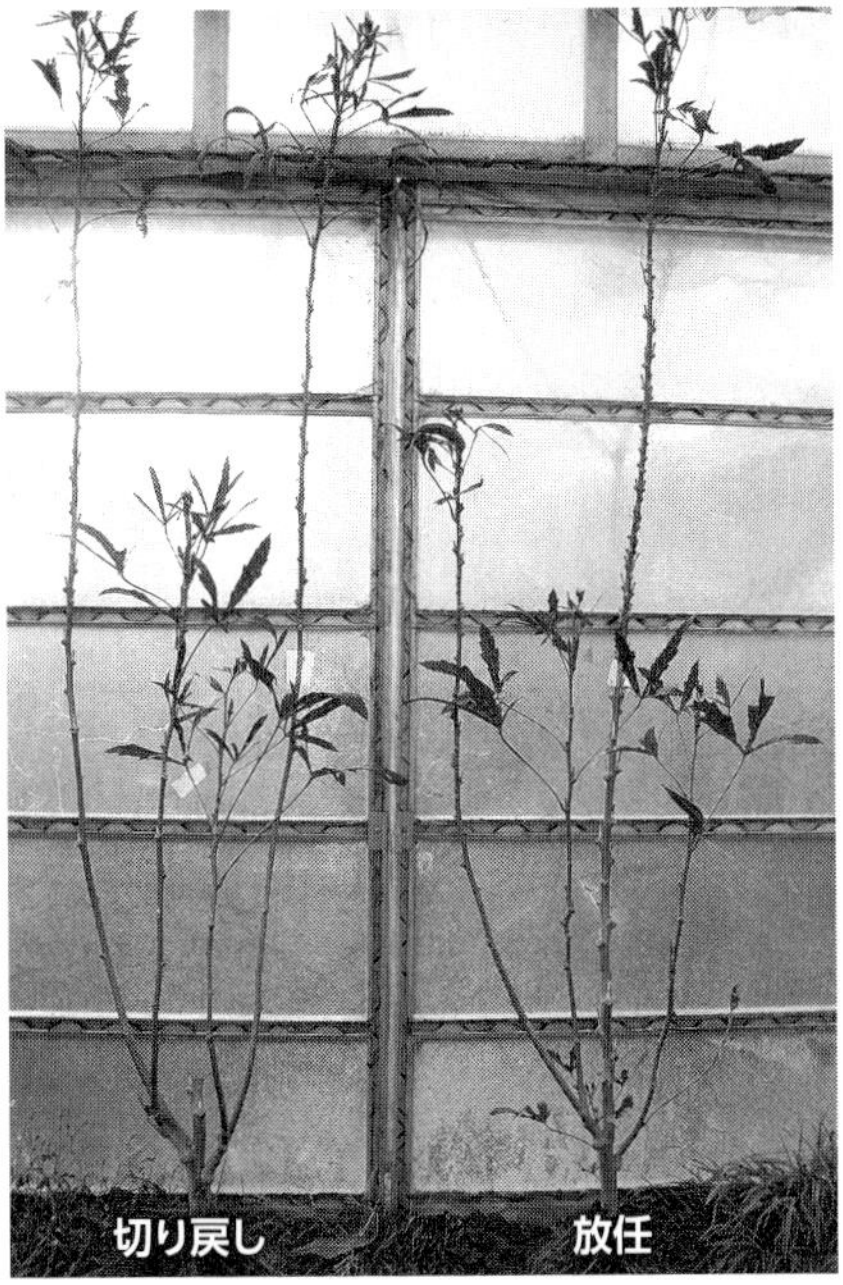

収穫を終える時期のオクラの株比較

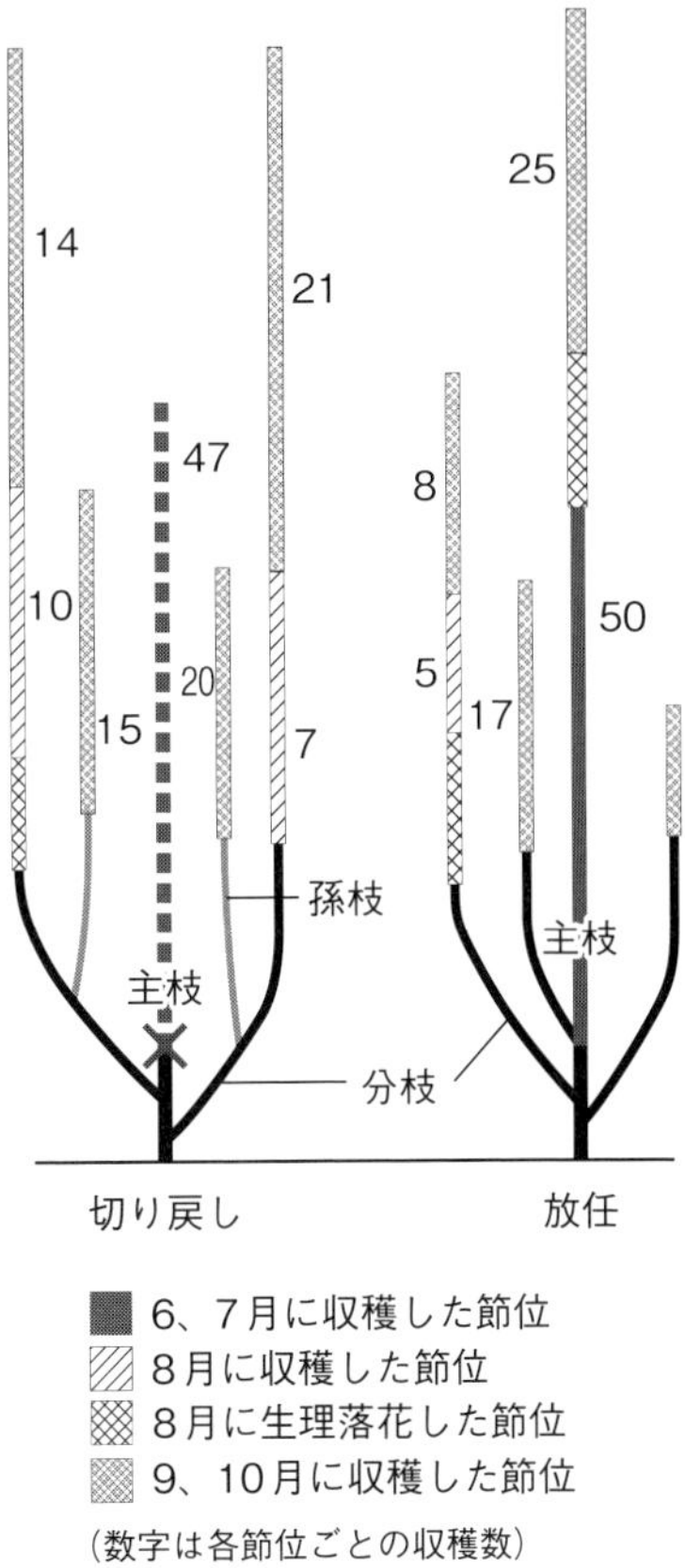

背丈は3ｍ前後で見た目はあまり変わりませんが、それぞれの株の枝の履歴が違います。放任株は伸びるに任せて収穫を続けた結果、8月初旬の猛暑期に開花した節位には生理落果の痕跡（ハサミで収穫した実の軸跡がない）が激しく見られますが、切り戻し株にはそのような高温障害がそれほど見られません。梅雨明け時点で主枝をバッサリ切り戻し、8月以降に株元に発生した若い分枝やその孫枝を伸ばしつつ収穫を行なったからです。

これら2株の収穫数をグラフにしてみました（図5）。放任株は猛暑期の収量低下が顕著ですが、切り戻しをした株はそれほどではなく、人があまり出さなくなった秋にもじゃんじゃん稼いでくれた様子がわかります。

この品種は、初期の成り始めが早くて低位の分枝が3～4本確実に出る「アーリーファイブ」（タキイ）。切り戻しをする場合は、低位から分枝がよく出る品種がいいようです。丸莢オクラの「エメラルド」（タキイ）なども向いていると思います。

沖縄在来種の島オクラ（フタバ）も重宝しています。大きくなっても硬くならないので、20cm近くまで大きくしてから収穫すれば、同じ本数でも袋数を稼げます（「大きくてもやわらかい」などPOPは必要）。高温に強く、酷暑期でも生理落果しにくいのも長所です。

それにしてもこのオクラ、たいした世話もしないで1シーズン当たり一株150個の収穫ですから、計算上2000円以上の売り上げになります。オクラって儲かる作物なんですね。

（三重県松阪市）

図５　時期ごとに見たオクラ１株の収穫個数

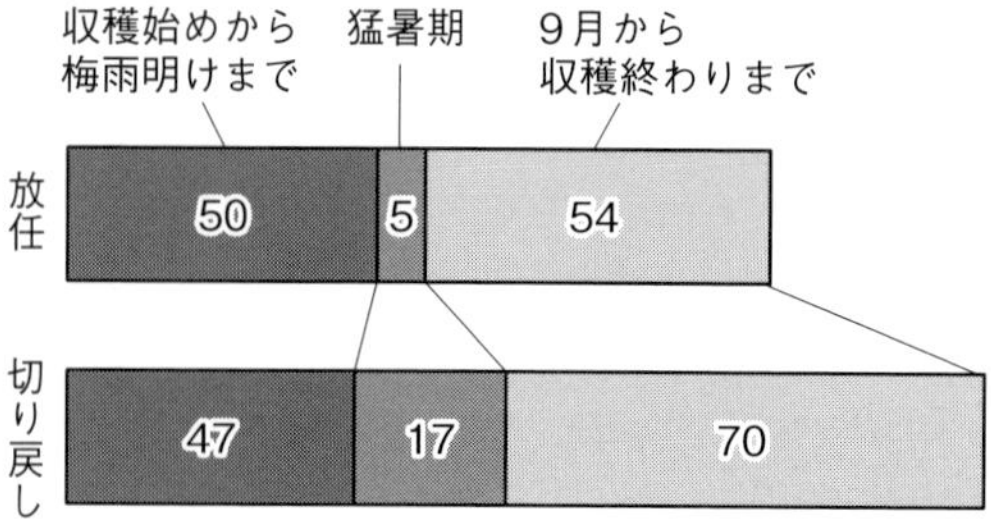

筆者（倉持正実撮影）

レタス農家から

カタログはまず系統を見る 謳い文句は逆読みする

茨城県八千代町・青木東洋さん

青木東洋さん。約5.5haの畑でレタス、ブロッコリー、エダマメなどをつくる。手に持っているのはサニーレタス。品種は横浜植木のキュアレッド2号（赤松富仁撮影）

大面積をこなす産地の野菜づくり名人たちは、どのようにタネを選び、買っているのだろう。

訪ねたのは茨城県八千代町で仲間と農事組合法人「四季菜くらぶ」を立ち上げ、レタスやブロッコリー、ニンジンなどをつくる青木東洋さん。取り引き先の業者からも品質のよさには一目置かれるグループの技術リーダーだ。

まずは「系統」を見る

「品種の選び方は難しいですよ。販売形態によって求められるものが違うので、その作物のことをよく知らないといけませんからね。

新しいものを入れるとき、その品種がどんな性格かをイメージするにはメーカーのカタログしかないでしょう。玉レタスだったら、まずは系統を見るとおおよそのことは掴めますね」

レタスに力を入れているメーカーのカタログには、その「系統」がちゃん

図１　レタスの主な系統と性質

	〈環境〉	〈肥料〉	〈病気〉	〈その他〉	青木さんが播く目安（茨城の平地）
エンパイヤ系 	乾燥に強い 暑さに強い	敏感（吸肥力がある）	斑点細菌病に強い 腐敗病に弱い	色が薄い 玉が肥大しやすい	8/1 ～ 8/10
マックソイル系 	雨に強い やや暑さに強い	鈍感（暴れにくい）	斑点細菌病に強い 腐敗病に強い	色が濃い 結玉しやすい（小玉傾向）	8/7 ～ 15
サリナス系 	雨に強い 中低温型	やや鈍感（暴れにくい）	斑点細菌病に弱い 腐敗病に強い	玉が肥大しやすい	8/20 ～
カルマー系 	中低温型	やや敏感（吸肥力がある）		色が濃い 玉が肥大しやすい	8/25 ～

「エンパイヤ×マックソイル」など中間型の品種も多い。その場合、基本的に先に書いてあるほうの系統が濃い。播き日の目安もそれぞれの系統の中間

と書いてあるという。さっそくツルタのタネやカネコ種苗などのカタログを開いて見せてもらうと、品種の写真の下にある特徴説明の冒頭に、確かに「サリナスタイプ」「エンパイヤタイプ」などと書いてある。

どういう血筋の品種かわかれば、暑さに強いか、寒さに強いか、大きくなりやすいか、結球しやすいか、肥料に敏感か鈍感か、雨に強いか弱いか、病気にはどうか、などの傾向がわかるのだそうだ。

青木さんに教えてもらったレタスの系統の見方が右の図のとおり。これらを知ったうえでつくれば、畑の選び方なども違ってくる。大きな失敗をする可能性は減りそうだ。

図2　青木さんグループの秋どり玉レタスの作型

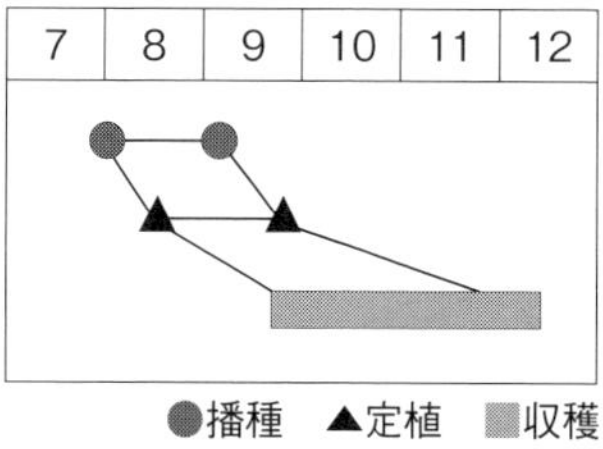

カタログは逆読みする

▼耐暑性＝遅く播いちゃダメ

青木さん曰く「レタスの本当の収穫適期は2日」。たった1日の遅れで葉が硬くなり、ガチ玉になってしまう。そうなると契約先の評価もガクンと落ちるのでレタスの品種選びはシビアだ。

「『カラスの1年は人間にとっての16年』っていいますけど、レタスの1日もそれくらい大きいんです」

だから青木さんはカタログも一歩突っ込んだ読み方をする。例えば「耐暑性がある」と書いてある品種。これを青木さん流に読むと「低温に弱い」となる。8月に播ける秋どり品種に多いキャッチフレーズなのだが、これらを少しでも遅播きすると、生育適温から外れて、外葉が育たず、結球しなくなってしまう。今シーズンはそういうことがテキメンに現われた。

「2008年の夏は暑かったでしょう。あのとき耐暑性のあるエンパイヤ系品種がよくできたから、これはいいって、たくさんタネを買った人が多かった。メーカーも『いいよ、よくできるよ』ってすすめましたからね。でも、今シーズンは冷夏だったから、その品種が適応できた温度帯はほんの一時で、多めに播いた人は後半結球しなくて、大ごとでした」

耐暑性を謳った品種（マックソイル系が混じったもの）が特性を発揮する播きどきは、たった5日くらいしかない、と青木さん。高温には強いが適期幅は短く、決して遅く播いてはいけない品種、と読むべきなのだそうだ。

▼極早生＝早く播いちゃダメ

また「極早生」「生育適期が幅広い」と謳っている品種がある。これも8月

図３　どちらも８月頭から播けるレタス品種。どっちを先に播く？

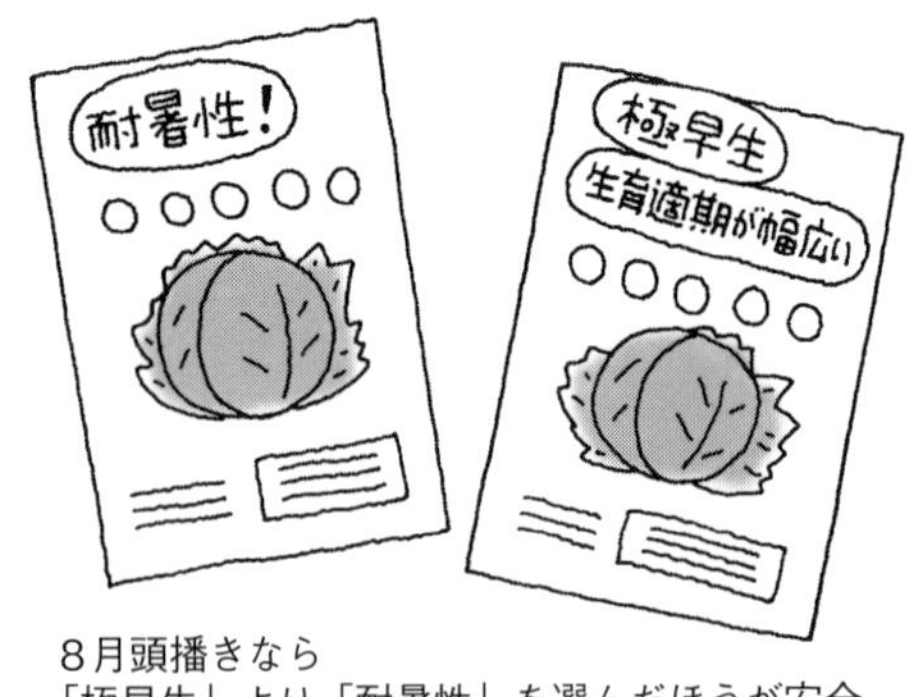

８月頭播きなら
「極早生」より「耐暑性」を選んだほうが安全

から播ける品種だが、極早生だから、とうぜん早く播いたほうがいいとふつうは思う。しかし青木さん、そうは見ない。

「極早生」とは生育期間が短いこと。「生育適期が幅広い」とは高温にも低温にも多少強いということ。ただ「耐暑性がある」とは書いていないので、先の品種に比べると暑さに弱い。だから８月頭から早播きすると高温障害を受ける可能性がある。極早生＋生育適期が幅広いとあったら、「遅く播いても早くとれるもの」と読む。

▼極早生は肥料に敏感!?

さらに、こんなことも想定する。極早生は生育期間が短いので、初期生育が旺盛。肥料吸収も強い。つまり肥料に敏感な少肥型タイプ。前作がブロッコリーなどで、残渣の肥料分が多いところでは暴れる可能性がある。肥料を減らすか、なるべくやせた畑でつくったほうがいい。ただ、系統が肥料に鈍感なマックソイル系などだったら、多少は大丈夫かもしれない……。

系統を見たり、カタログの言葉を突っ込んで読んでいくと、その品種の生かし方が想定できる。これが青木東洋流の見方だ。

新品種より安い古い品種が使えることも

また、カタログは1ページ目を開くと必ずメーカーがいちばん力を入れている品種が出てくる。他社に先駆けて、うちはこれで勝負！　というものだ。新しいものは改良されていて、じつによさそうに見える。だが長所短所もわからず大量に入れてしまうと大失敗、大損なんてことがあると青木さん。だから品種特性を読み込んだうえで、試験栽培が大切。想定どおりにいくか確かめてから使う。

いっぽう古い品種は、カタログの後ろのほうにちょこちょことまとまって「まだいちおうありますよ」ってな感じで載っているが、使い方によっては特性を逆に生かせることもあるそうだ。

たとえば「エクシード」（カネコ）。エンパイヤ系の暑さに強い品種だが、新品種に比べるとタネ代はなんと4分の1。揃いが悪いのが欠点で一斉収穫には向かないが、労力が足りないときに組み入れると、いくぶんダラダラ収穫できるので、適期を逃さずラクにと

図4　作型表の見方

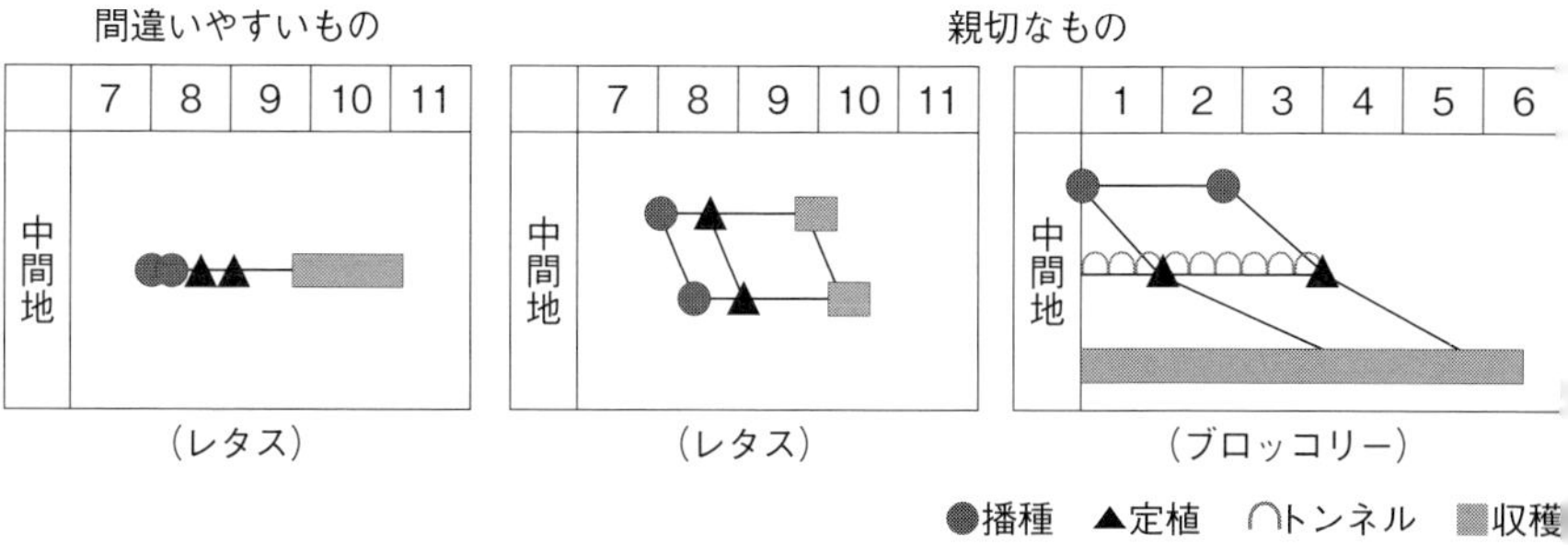

「レタスは収穫適期が2日くらいだから、播種日と定植日が点で書いてあったら、収穫日もほんとうは点で書くべきだと思います」と青木さん。中央・右はいつ播けば、いつとれるかがわかるが、左はわかりづらい

れる。

読み違えてしまう作型表

カタログにある作型表にも青木さんは一家言ある。書き方によっては読み違えてしまうケースがあるという。図4の左のような書き方は、よく見る形だが、収穫期幅の狭いレタスでは不親切だと青木さん。

「僕らは契約栽培だから、毎日切らさないように計画的に出したい。だから作型表はまず収穫日から見て、逆算して播種日を決めていきます。

例えば、この作型表（図左）は夏に播く品種のカタログにあったんですけど、収穫期幅が1カ月以上も長く書かれてますよね。早播きの場合と、遅播きの場合でそれだけ収穫期幅があるということですが、これだと遅く播いた場合の収穫開始日がわからない。計画を立てるときに読み取りにくい。

それと、この作型表はへたをすると『この品種は収穫期幅がずいぶん長いんだなー』と読んでしまう人も出てくる。すると播種日もそんなに厳密でなくてもいいような気分になって、遅く播きすぎて結球しなかったと大騒ぎしたことがありました」

青木さんが希望するのは図の右や中央のような書き方の作型図だ。

カタログを見る青木さん。ちなみにタネはグループで地元種苗店から買う

トマト農家から

夏型タイプと冬型タイプがある

千葉・若梅健司

若梅健司さん（赤松富仁撮影）

猛暑、豪雨、干ばつなど、いまや異常気象が当たり前のようになってきた。そんな時代のトマトの品種選びには、「夏型」「冬型」という見方が役に立ちそうだ。

猛暑には夏型タイプがよかった

２０１０年は近年経験したことがない異常気象。農作物全般に被害があった。トマトでは夏秋、抑制栽培で黄化葉巻病対策に防虫ネットを張るのでより高温となり、目のこまかい０・４㎜のネットを張ったところほど大きな被害を受けた。私のハウスも例外ではない。高温で花粉が死に、着果が極端に悪かった。裂果も出るなど、とくに１〜２段は出荷できるものが少なかった。

私は品種試験を約50年しているが、この異常高温のなか、比較的収穫できたものとダメージが大きかったものがある。トマトの品種には夏型タイプと冬型タイプがあるようだが（表参照）、夏型はある程度収穫できた。いっぽう、冬型はダメージが大きく、収量は例年の３分の１程度となった。抑制栽培は7月下旬頃の定植だが、初期に過度な高温ストレスを受けると、回復するのに時間がかかる。葉カビ病が問題になったという話も聞いた。

近年のような異常な猛暑の年は夏型の品種がよい。しかし、7月末定植の私の作型でも、来年も夏型がいいとは限らない。長期どりするトマトは夏も冬も経験するから冬型のほうがいい場合もある。だから品種選びは難しい。夏も冬もシーズン通して3年くらい見て、実の大きさや品質などが平均的に安定したものがいい。

しおれ活着で広く深く根を張らせる

このような異常気象で少しでも被害を回避する栽培のコツをあげるとすれば、トマトの立場になって管理することだ。私が意識しているのは定植後にかん水を少し控え、地上部はしおれながら根を伸ばしていく「しおれ活着」で根を深く広く張らせること。また、開花・肥大期は例年より乾く分、水を多く与えること。２０１０シーズンは樹ボケするほど水をかけたほうが結果的によかった。「人間が喉が乾けばトマトにも水をやる」という気持ちで管理することだと思う。

（千葉県横芝光町）

私の見る夏型タイプと冬型タイプ

夏型タイプ	桃太郎グランデ、桃太郎ワンダー（タキイ）、CFヨーク（タキイ）、りんか409（サカタ）、みそら64（みかど協和）など
冬型タイプ	ハウス桃太郎（タキイ）、CF桃太郎はるか（タキイ）、CF桃太郎J（タキイ）、アニモ（朝日工業）など

若梅さんは毎年20品種近くの試験区をつくり、1日おきに品種ごとの収量を調べている（依田恭司郎撮影）

トマトの育種家から

夏型は男性タイプ、冬型は女性タイプ

タキイ種苗・加屋隆士さん

前ページの若梅さんはトマト品種に夏型と冬型があると言っていた。何がどう違うのだろうか。まずはタキイ種苗の研究農場担当常務で、トマトにはめっぽう詳しい加屋隆士さんに話を聞いてみた。

夏は強い光を遮り、冬は弱い光を取り込む樹姿

確かに、トマトの品種には夏型と冬型がありますね。わかりやすくいうと夏型は男性タイプ。短節間で葉が旺盛。まあ、プロレスラーや相撲とりみたいなずんぐりタイプですわ。冬型は茎が細くて、すらっと背が高いスレンダー型で、女性タイプです。

なぜこのように違うかというと、夏は温度が高くて光が強い。トマトは光の強さが7万ルクスあればいいんですが、夏は10万ルクスを超える。光が強すぎる。光に弱いと耐えられないから、夏は葉が旺盛なタイプで、強い光から果実なんかを守るようにできているわけです。でも逆に、冬は光の強さが7万ルクスの半分しかない。だから、すらっと長くて株の中まで光がよく入るように、採光性がいいようにできている。それぞれ環境に合わせて能力を発揮できるように樹姿が違うわけです。

高温でも着果するのは花の強さ

高温での花落ちは品種による花粉の質の問題かって？ そうじゃないですね。品種に関係なく温度が35℃を超えるとトマトの花粉は死んでしまう。でもなんで夏型は冬型より着果率がいいかというと、花の強さの問題です。ホルモン処理するでしょう。それでちゃんと花がとまるような強い花ができるかどうか。

夏型タイプはそもそも温度が高い時期に能力を発揮するから、高温状態でも比較的強い花をつくることができる。それで夏型のほうが花落ちしにくいというわけです。

夏型のほうが肥料や水の吸収力が強い

この夏型と冬型は根っこの性質も違

夏型タイプと冬型タイプの樹のイメージ

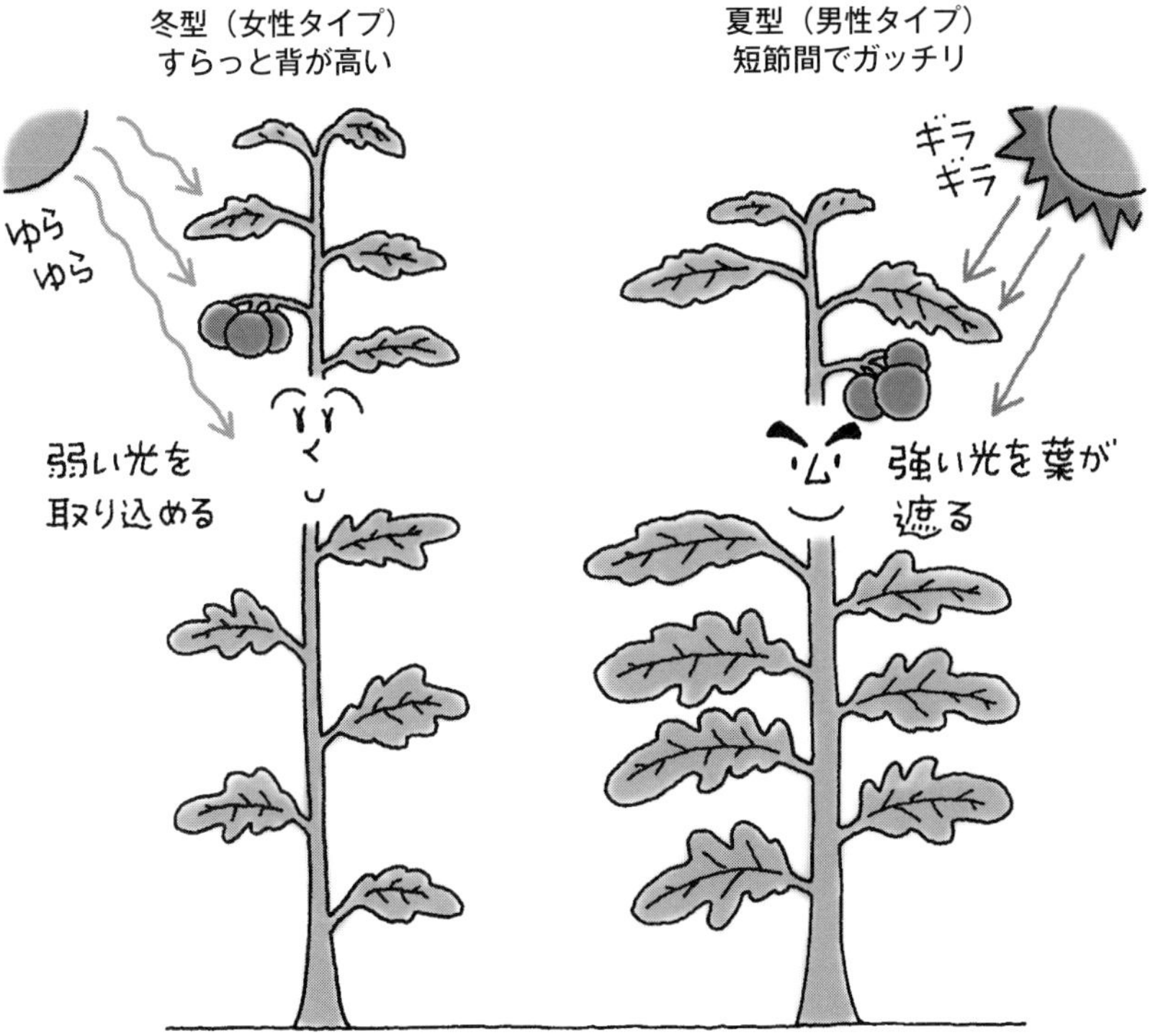

いますね。夏型のほうが肥料や水の吸収力が強い。夏型は生育スピードも速くて旺盛ですからね。冬型のほうは樹がスレンダーで、じっくり伸びていくタイプ。だから施肥の仕方も変わってきます。夏型だったら初期暴れないように過繁茂にならないように元肥減らして、後から追っていく追肥型。逆に冬型は元肥をやや多めにしてもゆっくりタイプだからいいわけです。

まあ、夏はそもそも温度が高いから生育スピードが速くて肥料吸収も旺盛なのは当たり前ですけど、もし同時期に両タイプを一緒に植えたとしても、夏型のほうが吸肥力や吸水力は強いです。

桃太郎ネクストは中間タイプ

タキイの品種でいうと夏型の男性タイプは「桃太郎ワンダー」「桃太郎セレクト」「桃太郎8」など。冬型の女性タイプは「ハウス桃太郎」「CF桃太郎J」「CF桃太郎はるか」などです。ただ、「桃太郎ネクスト」はちょっと違います。女性タイプみたいに節間が長いけど、男性タイプみたいに力強いわけです。正確にいうと中間タイプ。筋トレ女子のような（笑）。でも、ここがみそなんです。

トマトは産地によって作型がいろいろですが、例えば同じ冬を越す作型でも、5月の連休初夏頃になるとハウスの中は真夏のような暑さです。長期栽培には夏型の馬力も必要になります。でも中間タイプなら両方にいいわけです。この時代、どういう天候が来るかわかりませんから、幅広い適応力があるほうが安定します。桃太郎ネクストはそういう品種です。

トマトの育種家から

裂果しやすい品種、しにくい品種

サカタのタネ・榎本真也さん

次はサカタのタネ。暑さには強いといわれる「りんか409」（以下、りんか）の育成などをしてきた榎本真也さんに聞いてみた。

夏型は寒いと生育が極端に遅れる、冬型は暑いと伸びすぎる

確かにトマトには夏型タイプと冬型タイプがあります。基本的には夏型は節間が短いタイプで、冬型は節間が伸びやすいタイプ。りんかは夏型で節間が短い。暑さにも強い品種です。ほかに「麗夏」や「麗月」も夏型ですね。冬型のほうは「ごほうび」や「麗容」なんかがそうです。

それぞれ能力を発揮する環境が違うわけですが、例えば夏型を温度が低いときにつくると生育スピードが極端に落ちます。麗夏や麗月なんかはとくにそう。逆に冬型を温度が高いときにつくると節間がひょろひょろっと伸びてしまいます。もともと伸びやすいタイプですからね。ごほうびは完全な冬型ですが、暑いと果実も大きくなりません。

りんかは汗っかき!?

根っこの違いですか？　夏型は基本的に吸水力が強いと思います。夏型のりんかはすごくて、樹が水をどんどん

コルク層が多い品種ほど裂果しやすい

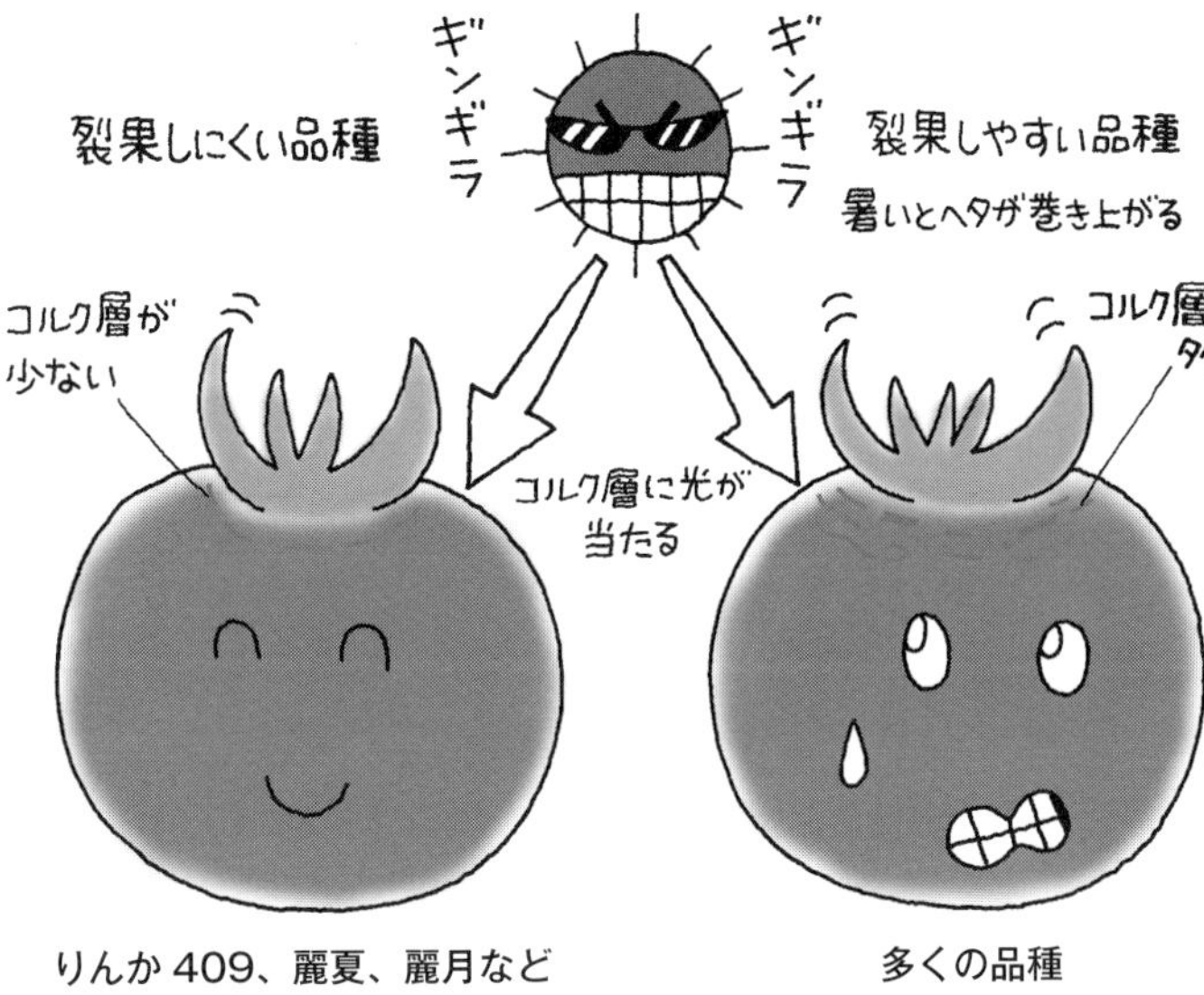

吸い上げたうえに、その水分を葉から出すのも早い。蒸散が激しいわけですね。まあ、汗っかきなんですよ（笑）。汗をかけば体を冷やすわけだから、そういう意味でも暑さに強いといえますね。ただ、汗っかきということは、しおれやすいということでもある。いつも喉が乾いている状態ですからね。「こういう暑い年ほど水をやってください」と生産者の方に話してます。

コルク層が多い品種ほど裂果する

この夏は裂果も多かった。果実の表面に光が直接当たるとカサカサになって割れやすくなりますが、水をこまめにやった人は裂果が少なかったですね。かといって、水を一気にドカンと吸わせると割れてしまう。

品種によっても違いがあります。果実のヘタの周りにあるコルク層の問題なんです。温度が高いとコルク層は大きくなるんですが、そこに光が直接当たるとヒビが入って裂果します。そもそもコルク層はヘタに隠れている部分が多いんですが、暑いとヘタはクルッと上に巻き上がってしまう。するとコルク層があらわになって、そこに光が当たって裂果するというわけです。

でも品種によってはコルク層の少ないものがある。りんかは少ないんです。だから裂果しにくい品種です。麗夏や麗月はもっと少なくて、ほとんど裂果しません。

ハクサイの育種家から

多肥型品種!?　少肥型品種!?

少肥型品種の根は多い

タキイ育苗・千葉潤一

野菜の品種には、「少肥型」「多肥型」という分け方ができるものがあるそうだ。この2タイプは読んで字のごとく、肥料を吸収する根の性質が違うようだ。

実際にその根の姿を見比べてみることはできるだろうか？

そこで、タキイ種苗㈱のハクサイのトップブリーダーである千葉潤一さんにお願いして、写真とともに、その性質や使いこなすコツについて解説していただいた。

セルトレイ苗は直根を伸ばせない

本来非常に広範囲の根圏を持ち、また広い根群を確保しなければ良球が収穫できない品目がハクサイです。しかし近年、セルトレイ育苗による移植栽培が主流となりました。育苗時と定植後の初期生育時の根群形成において制限を受けるため、栽培が不安定になりやすくなったように感じます。

直播栽培のハクサイの根は太い直根が深く伸び、直根から発生する側根、細根が広い根群を形成します。それに対してセルトレイ苗を定植したハクサイは直根を伸ばすことができず、比較的浅い土層に細い根が分布しています（156ページ写真参照）。

少肥型品種のハクサイ

根張りの違う2タイプの品種

セルトレイ育苗が主流となった今、根群の形成と根量という観点から大まかに分類して2種類の品種があると考

2タイプのハクサイを手で引き抜いて根を見比べてみた。
少肥型品種のほうが太い根が多く、量も多い

えます。

▼肥料に鈍感で根が少ない
多肥型品種

一つは多肥型品種。根量自体が少なく、肥料に対して鈍感な傾向があり、元肥の多い栽培でも過剰に反応しない特長があります。

近年、生産現場では高齢化や後継者不足により、労働力の確保が難しく、作物の顔を見ながら追肥することができずに「元肥主力で追肥なし」といった栽培も見受けられます。多肥型品種が好まれる一つの要因でしょう。

▼肥料に敏感で根が多い
少肥型品種

もう一つは少肥型品種。初期の細根だけでなく、深く挿し込む中太の直根を伸ばし、比較的深く広い根群と根量を確保することのできる品種です。その豊富な根量で旺盛な吸肥力を持つため、元肥が多いと初期から地上部の生育が旺盛になりすぎて、隣の株との勝

ち負けができたり、チッソ過多によるゴマ症や芯腐れなどの発生を助長したり、過剰肥大を招いて箱詰めしにくい、などの問題が見られます。

少肥型品種は台風・ゲリラ豪雨・乾燥に強い

このような状況下では元肥一発で栽培できる多肥型品種が適しているように見えます。しかし肥料の高騰や温暖化に伴う気候変動のなか、多肥型品種は十二分な根群形成ができにくいため、とくに気象変化（台風、ゲリラ豪雨、乾燥など）の影響を受けやすく、収穫量の減少、病害・生理障害の多発などが問題になります。

少肥型品種は適正管理の下では深く広い根群を形成するので、地表面付近の環境変化に強く、安定した生育を発揮することができます。作物は健康な状態を保ち、病害や生理障害に対する耐性も高まると考えられます。

引き抜いて根を見れば区別できる

多肥型品種と少肥型品種の違いは、どのように判断すればよいのでしょうか。それは根の張り方を見ることです。スコップを持って圃場を1ｍも掘り返す必要はありません。収穫時に玉を真上に同じ力で引き抜いてみます。先端の細根が切れてしまっても構いません。その際に手が感じる「抵抗」、引き抜いても、なお残っている「根の量」でタイプを分けることができます。

少肥型品種は抵抗を強く感じることができ、細根が切れてしまっても根が多く残ります。多肥型品種は抵抗が少なく、細根が切れてしまうので残る根量は少なくなります。

「晴《はれ》黄《ぎ》」「きらぼし」「黄ごころ」シリーズは少肥型

少肥型品種の代表であるタキイのハクサイシリーズには「晴黄」・「きらぼし」・「黄ごころ」などがあります。いずれも栽培性・肥大性・耐病性で高く評価されていますが、近年の多肥栽培においては、ややもすると過剰生育や過剰肥大が問題視されることがありま

直播した株は直根が張り、根量も多い

す。以下に述べる少肥栽培のポイントを参考にし、それをつくりこなし、肥料代の節約と栽培の安定を図っていただきたいと思います。

地上部は変わりないが、地下部の根は違う。少肥型品種のほうが根圏が広く、根が太い

少肥型品種をつくりこなすポイント

①地力と物理性の維持

生育のベースとなる圃場の地力を高め、適度な排水・保水性、通気性を維持するため、緑肥の栽培や堆肥の積極的な投入、サブソイラなどによる物理性の改善を図ります。

②土壌診断のすすめ

長年の連作によって多くの圃場では肥料分の蓄積や偏りが見られ、土壌は疲弊していると思われます。蓄積している肥料分が多肥栽培を招く原因にもなります。土壌診断に基づいた施肥設計を作成することも大切です。

③元肥を2～3割減らす

圃場条件にもよりますが、少肥型品種の場合は、従来の元肥量を2～3割程度減らしても大丈夫です。また、近年の温暖化の影響から、肥効が旺盛になる傾向があります。その意味でも元肥を減らし、初期生育を抑え気味に栽培します。

④タイミングのよい追肥を

元肥を抑え、外葉の過剰生育を抑制するとともに、芯葉立ち上がりの頃に追肥を行なうことで生育後半までの肥効を確保します。中生以降の作型では、生育を見ながらさらに1～2回の追肥を行ないます。

◇　◇

なお今回述べた知見は、あくまで品種育成という業務の範囲で得た筆者の所感であり、「根」本来の仕組みや役割りを結論付けるものではないことを申し添えておきます。

（タキイ研究農場）

掲載記事初出一覧

すべて月刊「現代農業」より

〈第１章〉

タネ袋からわかること

タネの量の話

Q　タネ袋に書いてある「○○mℓ入り」って、何粒ですか？

タネの保存と発芽率の話

Q　有効期限が切れたタネ、もう播けない？

播きやすいタネの話

Q　歳をとって、タネ播きが大変なんじゃが……

……以上はいずれも2018年２月号

最近売られている　発芽しやすいタネ

……2010年３月号

種子消毒の話

Q　売ってるタネはみんな種子消毒されてますか？

Q　消毒されていない無農薬のタネが欲しい

タネの名前の話

Q　名前の違うタネを買ったつもりが同じ品種だった……

Q　トマトの「桃太郎８」や「桃太郎ワンダー」は、同じ系統の品種？

抵抗性と耐病性の話

Q　品種名の前についてるＹＲ、ＣＲってなに？

Q　「抵抗性」と「耐病性」ってどう違うの？

Q　接ぎ木苗なら病気は安心ですよね？

Q　ホウレンソウのタネ袋にある「Ｒ○」ってなに？

作型図の話

Q　作型図はどう見たらいいの？

Q　品種名の後ろにある80とか90とかの数字はなに？　……以上はいずれも2018年２月号

品種名のうしろの数字は生育日数のこと

……2010年２月号

Q　スイートコーンの後ろの84と86ってほとんど変わらなくない？

【図解】短日植物・長日植物ってなに？

タネの流通の話

Q　ホームセンターの安いタネ、あれってなに？

Q　タネはほとんど外国産って本当ですか？

Q　タネに異常があっても種子代しか返金されない？

F_1品種と固定種の話

Q　「○○交配」「○○育成」ってなんのこと？

Q　自家採種したタネを売ってもいいの？

カコミ　固定種の買い取り販売をスタート

Q　F_1の野菜を食べると精子が減るって本当？

……以上は2018年２月号

タネのインターネット通販サイト　……新記事

〈第２章〉

キャベツのルーツと体の秘密……2014年９月号

ネギの品種　早わかり

ネギの一生と作型　……以上は2015年11月号

タマネギと日本人

タマネギってこんな作物

……以上は2014年５月号

ニンニクの品種いろいろ　……2007年７月号

よくわかるジャガイモの品種

……2012年２月号、2006年11月号

種イモの話

よくわかるサツマイモの品種

よくわかるサトイモの品種…以上は2012年２月号

日本のナスマップ

イタリアのナスマップ……以上は2015年２月号

ピーマン、パプリカの豆知識

……2016年２月号

トウガラシの品種いろいろの話

……2007年７月号

トウガラシの辛み比べ　……2013年８月号

カボチャの品種　早わかり　……新記事

トウモロコシの体のしくみ　……2013年７月号

トウモロコシの早出し・遅出しと品種の早晩性

……2012年８月号

エダマメの早晩性を使いこなす

……2017年７月号、2012年８月号

マメ科のマメ知識　……2013年２月号

早生・中生・晩生何が違う？　……新記事

〈第３章〉

定番野菜を人が出さない時期にずらし売り

……2016年２月号

カタログはまず系統を見る　謳い文句は逆読みする　……2010年２月号

夏型タイプと冬型タイプがある

夏型は男性タイプ、冬型は女性タイプ

裂果しやすい品種、しにくい品種

……以上は2011年２月号

少肥型品種の根は多い　……2010年２月号

本書に掲載された種苗取扱業者問い合わせ先

会社名	自社ネット通販	〒	住所	電話	ファックス
朝日工業㈱		367-0394	埼玉県神川町渡瀬222	0274-52-2738	0274-52-4534
片山種苗		780-0965	高知市福井町1206-1	088-872-6291	088-872-6291
カネコ種苗㈱		371-8503	群馬県前橋市古市町一丁目50-12	027-251-1611	027-290-1086
㈱サカタのタネ野菜統括部	○	224-0041	神奈川県横浜市都筑区仲町台2-7-1	045-945-8802	045-945-8803
㈱七宝		769-1507	香川県三豊市豊中町岡本2412-2	0875-62-2278	
タキイ種苗㈱（大代表、通販係）	○	600-8686	京都市下京区梅小路通猪熊東入	代075-365-0123 通075-365-0140	075-344-6707
㈲つる新種苗	○	390-0811	長野県松本市中央2-5-33	0263-32-0247	0263-32-3477
㈱トーホク（卸部・営業本部）		321-0985	栃木県宇都宮市東町309	卸028-611-5050 営028-661-2020	028-661-2459 028-661-2094
トキタ種苗㈱		337-8532	さいたま市見沼区中川1069	048-683-3434	048-684-5042
トヨタネ㈱		441-8517	愛知県豊橋市向草間町字北新切12-1	0532-45-4137	0532-45-4494
中原採種場㈱	○	812-0893	福岡市博多区那珂5-9-25	092-591-0310	092-574-4266
ナント種苗㈱	○	634-0077	奈良県橿原市南八木町2-6-4	0744-22-3351	0744-22-2583
日光種苗㈱	○	321-0905	栃木県宇都宮市平出工業団地33	028-662-1313	028-662-1752
㈱野崎採種場		454-0943	愛知県名古屋市中川区大当郎1-1003	052-301-8507	052-303-7226
野原種苗㈱		346-0002	埼玉県久喜市野久喜1-1	0480-21-0002	0480-23-5005
パイオニアエコサイエンス㈱東日本事業所		321-0925	栃木県宇都宮市東簗瀬1-5-7	028-638-8990	028-638-8998
福種㈱		910-0842	福井市開発5-2004	0776-52-1100	0776-52-1101
㈲フタバ種苗卸部	○	901-0842	沖縄県南城市大里字高平871	098-963-6011	098-963-6012
㈲ベストクロップ	○	875-0342	大分県臼杵市野津町落谷1762	0974-32-3226	0974-32-3223
丸種㈱		600-8691	京都市下京区七条通新町西入	075-371-5101	075-371-5108
みかど協和㈱		267-0056	千葉市緑区大野台1-4-11	043-311-6100	043-205-5501
㈱大和農園	○	632-0077	奈良県天理市平等坊町110	0743-62-1182	0743-63-3445
横浜植木㈱		232-8587	神奈川県横浜市南区唐沢15	045-262-7400	045-261-7495
渡辺農事㈱		278-0006	千葉県野田市柳沢13	04-7124-0111	04-7124-0115

※タネの入手は、まずお近くの種苗店か農協へ。メーカーから取り寄せてもらえることが多いようです。
※本書に掲載の品種は時期により取り扱っていない場合もあります。

本書は『別冊 現代農業』2020年3月号を単行本化したものです。

著者所属は、原則として執筆いただいた当時のままといたしました。

撮　影
●赤松富仁
●倉持正実
●黒澤義教
●依田恭司郎
●依田賢吾

カバー・表紙デザイン
●石原雅彦

今さら聞けない タネと品種の話 きほんのき

2020年9月5日　第1刷発行
2021年12月15日　第3刷発行

農文協　編

発行所　一般社団法人　農山漁村文化協会
郵便番号 107-8668 東京都港区赤坂7丁目6-1
電 話 03(3585)1142(営業)　03(3585)1147(編集)
FAX 03(3585)3668　振替 00120-3-144478
URL https://www.ruralnet.or.jp/

ISBN978-4-540-20159-2　DTP製作／農文協プロダクション
〈検印廃止〉　印刷・製本／凸版印刷(株)